Kemal Gokkaya

Estimativa da química foliar com espetroscopia de imagem e dados LiDAR

Kemal Gokkaya

Estimativa da química foliar com espetroscopia de imagem e dados LiDAR

ScienciaScripts

Cover image: www.ingimage.com

This book is a translation from the original published under ISBN 978-3-659-85531-3.

Publisher:
Sciencia Scripts
is a trademark of
Dodo Books Indian Ocean Ltd. and OmniScriptum S.R.L publishing group

120 High Road, East Finchley, London, N2 9ED, United Kingdom
Str. Armeneasca 28/1, office 1, Chisinau MD-2012, Republic of Moldova, Europe
Managing Directors: Ieva Konstantinova, Victoria Ursu
info@omniscriptum.com

Printed at: see last page
ISBN: 978-620-8-51144-9

Índice:

Previsão da bioquímica foliar num dossel de floresta boreal utilizando dados de espetroscopia de imagem e LiDAR

Kemal Gökkaya

RESUMO

Foi investigada a utilização de dados de deteção remota por satélite e aerotransportados para prever macronutrientes e pigmentos foliares para uma floresta boreal de madeira mista composta por abeto branco e preto, abeto balsâmico, cedro branco do norte, bétula branca e choupo tremedor. Especificamente, a espetroscopia de imagem (IS) e a deteção de luz e alcance (LiDAR) são utilizadas para modelar o rácio N:P foliar, os macronutrientes (N, P, K, Ca, Mg) e a clorofila. A medição dos macronutrientes foliares e da clorofila foliar fornece informações essenciais sobre o estado fisiológico e nutricional das plantas, o stress, bem como sobre os processos do ecossistema, como a troca de carbono (C) (fotossíntese e produção primária líquida), a decomposição e o ciclo de nutrientes. Os resultados mostram que os dados IS aéreos e espaciais explicaram aproximadamente 70% da variação do rácio N:P da copa das árvores com erros de previsão inferiores a 8% em dois anos consecutivos. Os modelos LiDAR explicaram mais de 50% da variação do rácio N:P da copa das árvores com erros de previsão semelhantes. [2]Foram desenvolvidos modelos de previsão utilizando dados Hyperion IS espaciais com valores R ajustados de 0,73, 0,72, 0,62, 0,25 e 0,67 para N, P, K, Ca e Mg, respetivamente. O modelo LiDAR explicou 80% da variância da concentração de Ca na copa das árvores com um RMSE inferior a 10%, sugerindo fortes correlações entre a altura da floresta e o Ca. Dois índices derivados de IS surgiram como bons preditores de clorofila no tempo e no espaço. Quando os modelos destes dois índices com os mesmos parâmetros gerados a partir dos dados Hyperion foram aplicados a dados de outros anos para a previsão da concentração de clorofila, conseguiram explicar 71, 63 e 6% e 61, 54 e 8% da variação da concentração de clorofila em 2002, 2004 e 2008, respetivamente, com erros de previsão entre 11,7% e 14,6%. Os resultados demonstram que o rácio N:P, N, P, K, Mg e clorofila podem ser modelados por dados IS espaciais e que o Ca só pode ser previsto por dados LiDAR na copa desta floresta. A capacidade de modelar o rácio N:P e os macronutrientes utilizando dados Hyperion espaciais demonstra o potencial de os mapear à escala da copa em áreas geográficas maiores e de os integrar em estudos futuros dos processos do ecossistema.

Capítulo 1
Introdução e objectivos gerais

1.1. Introdução

1.1.1. Importância dos bioquímicos foliares

Os componentes bioquímicos de uma folha podem ser divididos em dois grandes grupos: pigmentares e não pigmentares. Os pigmentos são compostos por clorofilas, carotenóides e xantofilas. As clorofilas são os pigmentos mais importantes. Os principais bioquímicos não pigmentares são as proteínas, os macronutrientes, a lenhina e a celulose. O azoto (N), o fósforo (P), o potássio (K), o magnésio (Mg) e o cálcio (Ca) constituem os principais macronutrientes das plantas. A medição da clorofila foliar e dos macronutrientes foliares fornece informações essenciais sobre o estado fisiológico e nutricional das plantas, o stress, bem como sobre os processos do ecossistema, como a troca de carbono (C) (fotossíntese e produção primária líquida), a decomposição e o ciclo dos nutrientes. Por exemplo, o N é um constituinte importante da molécula de clorofila e da enzima fixadora de carbono ribulose-1,5-bis-fosfato carboxilase/oxigenase, estando assim diretamente relacionado com a fotossíntese (Field e Mooney, 1986). O N foliar está também relacionado com a produção primária e a decomposição (Melillo et al., 1982; Smith et al., 2002). Além disso, a relação entre N e P (relação N:P) na vegetação tem sido utilizada como um índice para detetar a limitação de nutrientes (Koerselman e Meuleman, 1996). O P é um componente dos ácidos nucleicos, das membranas lipídicas, dos fosfatos de açúcar e do ATP, que desempenham papéis importantes na fotossíntese e na respiração (Taiz e Zeiger, 2010). O N e o P são os principais nutrientes que limitam o crescimento das plantas em todo o mundo (Chapin, 1980). O Mg, tal como o N, é também um constituinte da molécula de clorofila e está diretamente relacionado com a fotossíntese (Taiz e Zeiger, 2010). O K desempenha uma série de papéis importantes na fotossíntese e na respiração, incluindo a translocação de fotossintatos para os órgãos receptores, a manutenção da pressão de turgor, a ativação de enzimas, o metabolismo do N e a redução da absorção excessiva de iões como o Na e o Fe em solos salinos e inundados (Marschner, 1995; Mengel e Kirkby, 2001). O Ca é necessário durante a divisão celular e na síntese de novas paredes celulares, particularmente as lamelas médias (Taiz e Zeiger, 2010).

Conhecer a concentração de clorofila foliar é importante porque é um indicador do stress, da saúde e do estado nutricional das plantas. Existem várias razões para este facto. Em primeiro lugar, a quantidade de radiação solar absorvida por uma folha depende em grande medida das concentrações foliares de clorofila, pelo que uma baixa concentração de clorofila pode limitar diretamente o potencial fotossintético e, consequentemente, a produção primária (Curran et al., 1990; Filella et al., 1995). Em segundo lugar, existe uma estreita relação entre a clorofila e o N foliar, uma vez que grande parte do N foliar é incorporado na clorofila, tanto na sua estrutura molecular como na enzima fixadora de carbono ribulose-1,5-bis-fosfato carboxilase/oxigenase (Rubisco), pelo que a medição da clorofila fornece uma estimativa indireta do estado dos nutrientes (Filella et al., 1995; Moran et al., 2000). Em terceiro lugar, a concentração de clorofila está ligada ao stress, pelo que a concentração de clorofilas diminui geralmente sob stress e durante a senescência (Peñuelas e Filella, 1998). Em quarto lugar, as concentrações relativas dos pigmentos de clorofila a e b alteram-se em função de factores abióticos como a luz (por exemplo, as folhas expostas ao sol têm uma relação Chl a: Chl b mais elevada; Larcher, 1995). Por conseguinte, a quantificação das proporções pode fornecer informações importantes sobre a relação entre as plantas e o seu ambiente abiótico.

1.1.2. A importância da floresta boreal para a análise bioquímica da copa das árvores

A floresta boreal forma uma faixa circumpolar entre a tundra, a norte, e as florestas temperadas e pradarias, a sul (Larsen, 1980). É composta principalmente por espécies coníferas de abeto, abeto, pinheiro, larício e espécies caducifólias de choupo e bétula. As florestas boreais influenciam o clima da Terra através dos seus efeitos nos níveis atmosféricos de CO_2, que é um gás com efeito de estufa.

Apesar de representarem apenas cerca de 33% da área florestal total, contêm quase metade do C das florestas do mundo. O C é armazenado nas plantas vivas, para além das acumulações substanciais no solo a longo prazo (Quadro 1.1) (Dixon et al., 1994).

Tabela 1.1. Estimativa da área e das reservas de carbono dos principais biomas florestais (Dixon et. al., 1994).

Bioma florestal	Área (Mha)	Reserva de carbono Vegetação (Gt)	Reserva de carbono Solo (Gt)
boreal	1372	88	471
temperado	1038	59	100
tropical	1755	212	216

As tendências de aquecimento estimulariam a decomposição desta quantidade substancial de C armazenado no solo das florestas boreais e a sua libertação na atmosfera sob a forma de CO_2, transformando potencialmente as florestas boreais de um sumidouro de C numa fonte de C. Subsequentemente, isto poderia exacerbar o impacto das alterações climáticas causadas pelo aumento dos níveis de CO_2 e de outros gases com efeito de estufa. Devido à sua importância no ciclo global do C, as florestas boreais têm sido objeto de grande atenção por parte da investigação.

Muitos estudos têm-se centrado na tentativa de compreender a forma como estes ecossistemas responderiam ao aumento das concentrações atmosféricas de CO_2 e ao aquecimento das temperaturas. Por exemplo, o Boreal Ecosystem-Atmosphere Study (BOREAS), uma experiência internacional e interdisciplinar em grande escala com o objetivo de compreender como as florestas boreais interagem com a atmosfera, qual a quantidade de CO_2 que são capazes de armazenar e como as alterações climáticas as afectarão, foi iniciado nas florestas boreais do norte do Canadá em 1993 (Sellers et al., 1997). Devido à grande extensão das florestas boreais e aos seus efeitos no clima global, foram utilizados modelos de processos ecológicos que fornecem estimativas de produtividade para grandes áreas e permitem a simulação de diferentes cenários de condições climáticas (por exemplo, duplicação da concentração atmosférica de CO_2 ou aumento das temperaturas em vários graus) (Kimball et al., 1997; 2000). Estes modelos podem produzir previsões mais exactas quando os seus parâmetros de entrada são camadas informativas mais detalhadas, como mapas de deteção remota, em vez de valores médios gerais. A este respeito, os mapas de macronutrientes da copa das árvores ao nível da paisagem, em particular o N, devido à sua estreita relação com a produtividade primária (Smith et al., 2002), podem ser muito úteis para melhorar a exatidão das previsões destes modelos (Ollinger e Smith, 2005). A clorofila da copa das árvores também tem sido utilizada para prever a GPP das florestas boreais em conjunto com dados de teledeteção por satélite (Zhang et al., 2009). Isto ajudaria os cientistas a defenderem os seus argumentos junto do público e dos decisores políticos com base em resultados mais sólidos.

1.1.3. Deteção remota de bioquímicos foliares

1.1.3.1. Utilização estratégica da deteção remota em ecologia

Os efeitos das alterações climáticas, das alterações do uso do solo e das perturbações nos ecossistemas do mundo resultaram num aumento da procura de dados de deteção remota a todas as escalas. É necessário um vasto leque de informações para prever as consequências das alterações climáticas e monitorizar os ciclos do C, da água e dos nutrientes, desde a cobertura do solo, o historial da utilização do solo e as estimativas da biomassa em pé até à sucessão, biodiversidade e sustentabilidade. Os métodos tradicionais de amostragem no terreno são proibitivamente dispendiosos e demorados a grandes escalas espaciais. As observações à distância, quer a partir do espaço quer do ar, proporcionam meios práticos para obter uma visão sinóptica dos ecossistemas da Terra, como a distribuição espacial, a extensão e a dinâmica temporal em pormenores variáveis (Cohen e Goward, 2004). A espetroscopia de imagem (IS) e a deteção e telemetria (LiDAR) são duas tecnologias remotas que fornecem informações sobre a fisiologia e a estrutura dos ecossistemas, respetivamente.

1.1.3.2. Importância da deteção remota de bioquímicos foliares ao nível da copa das árvores

A deteção remota de macronutrientes no dossel dos ecossistemas florestais é importante porque pode ser utilizada para estimar processos fisiológicos e ecossistémicos importantes, como a fotossíntese e a produção primária líquida. Por exemplo, o N foliar tem sido utilizado como parâmetro em modelos de ecossistemas (Parton et al., 1995; Ollinger e Smith, 2005) e a concentração de N na copa das árvores tem sido utilizada para estimar a produtividade primária líquida de ecossistemas florestais temperados, juntamente com medições no terreno e dados de teledeteção hiperespectral (Smith et al., 2002). Assim, as entradas regionais e paisagísticas espacialmente explícitas da concentração de N foliar têm o potencial de melhorar a exatidão dos modelos de ecossistemas. Os mapas das concentrações de macronutrientes na copa das árvores a pequenas escalas (por exemplo, na proximidade de uma torre de fluxo) podem também servir como produtos de validação para os esforços de modelação em grande escala, a nível continental e global. Além disso, do ponto de vista da gestão florestal, os mapas espaciais dos macronutrientes da copa das árvores podem ser utilizados como indicadores de deficiências de nutrientes e, consequentemente, utilizados para ajustar o esquema de fertilização de modo a otimizar o rendimento máximo com um custo mínimo.

1.1.3.3. Espectroscopia de imagem e deteção e localização de luz para estimativa da bioquímica do dossel

A espetroscopia de imagem provou ser muito útil para a estimativa da bioquímica da copa das árvores. Uma das grandes vantagens é que permite a deteção remota de bioquímicos foliares devido à sua elevada resolução espetral com muitas e estreitas bandas, resultando num espetro de reflectância quase contínuo ao longo das porções visível, próxima e de ondas curtas no infravermelho do espetro eletromagnético (Goetz et al., 1985) (Figura 1.1). As caraterísticas específicas de absorção atribuíveis a determinados químicos em determinados comprimentos de onda podem ser detectadas e utilizadas como variáveis preditoras para estimar o químico de interesse utilizando a análise de regressão (Curran, 1989).

Figura 1.1. (a) Imagem Hyperion de infravermelhos a cores do sítio Groundhog River Fluxnet (GRFS) (representado pelo círculo branco) e da área circundante. (b) O cubo de dados hiperespectrais tridimensionais da mesma imagem. A direção z mostra a reflectância em 155 bandas. As cores vermelha e azul indicam alta e baixa reflectância, respetivamente. (c) A curva de reflectância espetral de uma pequena área composta por espécies de coníferas e caducifólias na GRFS em 155 bandas nas regiões do visível e do infravermelho próximo do espetro eletromagnético. A reflectância é escalada por um fator de 10000.

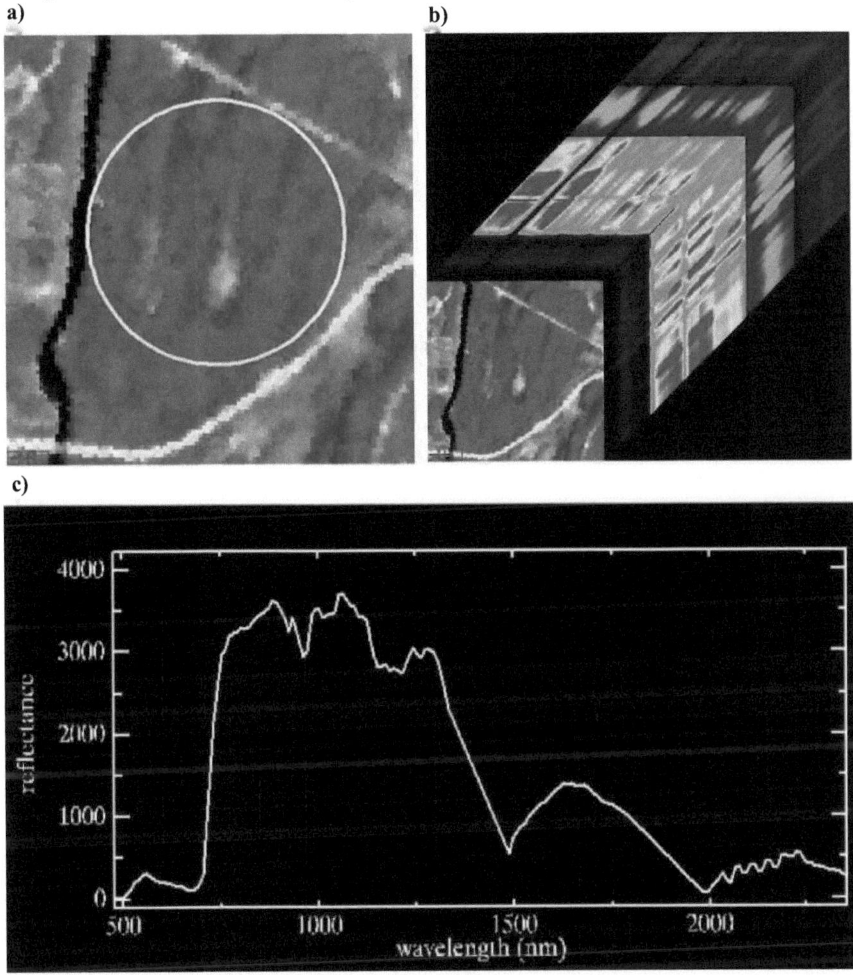

A deteção remota de bioquímicos foliares utilizando espetroscopia remonta à década de 1970, quando os bioquímicos em folhas secas e moídas de culturas forrageiras agrícolas foram medidos utilizando espetroscopia de infravermelhos próximos em laboratório (Norris et al., 1976; Shenk et al., 1979) com o apoio do Departamento de Agricultura dos EUA (USDA). Como resultado de numerosos estudos, foram identificadas várias caraterísticas de absorção relacionadas com a concentração de bioquímicos, incluindo celulose, lenhina, proteína, óleo, açúcar, amido e água, e a espetroscopia de reflectância tornou-se um procedimento de rotina para a estimativa das concentrações de proteína, lenhina e amido na folhagem seca das plantas nos laboratórios do USDA (Norris e Barnes, 1976; Marten et al., 1985; 1989; Weyer 1985; Williams et al., 1984; Williams e Norris, 1987). No final dos anos 80, os procedimentos desenvolvidos pelo USDA para estimar as substâncias químicas por espetroscopia foram aplicados para estimar a composição bioquímica de folhas secas e moídas de árvores florestais (Card et al., 1988; Wessman et al., 1988a) e de folhas frescas de coníferas (Peterson et al., 1988) em laboratório. Finalmente, com o advento do espetrómetro de imagem aerotransportado (AIS) (Goetz et al., 1985), a bioquímica do dossel florestal foi estimada no campo (Peterson et al., 1988; Wessman et al., 1988b). Desde então, foram desenvolvidos numerosos espectrómetros de imagem, como o Airborne Visible/Infrared Imaging Spectrometer (AVIRIS) da National Aeronautics and Space Administration (NASA), o HyMap australiano, o Compact Airborne Imaging Spectrometer (CASI) canadiano e o EO-1 Hyperion espacial. Os dados destes sensores foram utilizados com êxito para estimar o N foliar, a lenhina e os pigmentos numa série de ecossistemas florestais (Wessman et al., 1988b; Zagolski et al., 1996; Curran et al., 1997; Martin e Aber, 1997; Coops et al., 2003; Thomas et al., 2008a). Alguns estudos também compararam a eficácia de diferentes tipos de sensores, como o AVIRIS e o Hyperion, para estimar a concentração de N nas copas das florestas temperadas (Smith et al., 2003; Townsend et al., 2003). Mais recentemente, o P também foi estimado utilizando a espetrometria de imagem. Os estudos incluem a utilização de espectrómetros de campo para prever o P (Al-Abbas et al., 1974; Osborne et al., 2002; Gong et al., 2002) e a análise da correlação do P com a reflectância da copa das árvores (Asner et al., 2008). A estimativa do P ao nível da paisagem foi efectuada na savana africana utilizando uma imagem HyMap (Mutanga e Kumar, 2007) e na copa das florestas tropicais do Havai utilizando dados AVIRIS (Porder et al., 2005). As caraterísticas espectrais de outros nutrientes importantes para as plantas, incluindo Mg, K, Ca, sódio e enxofre, foram estudadas utilizando espectrómetros no laboratório e no campo (Al-Abbas et al., 1974; Mutanga et al., 2004; Ferwerda e Skidmore, 2007; Ponzoni e Gonçalves, 1999).

Os índices derivados hiperespectrais de banda estreita e de bordos vermelhos (aproximadamente 680-750 nm) têm sido utilizados para prever a clorofila e outros pigmentos vegetais (Curran et al., 1990; Gitelson e Merzlyak, 1996; Blackburn, 1998; Zarco-Tejada et al., 2000; Haboudane et al., 2002). Mutanga e Skidmore (2004) utilizaram índices de vegetação de banda estreita para estimar a biomassa. Thenkabail et al. (2004) utilizaram índices hiperespectrais para a classificação da cobertura do solo. Hansen e Schoerring (2003) previram a concentração de N no trigo utilizando índices baseados no NDVI. Ferwerda et al. (2005) examinaram a gama espetral de 300-2500 nm para a previsão de N utilizando índices de rácio normalizado.

Foi examinada a robustez e a capacidade de previsão dos índices de vegetação de banda larga e hiperespectrais para estimar as propriedades biofísicas e bioquímicas do dossel utilizando modelos de transferência radiativa acoplados à folha e ao dossel (Broge e Leblanc, 2000). Verificaram que a arquitetura do dossel era um fator importante a considerar para testar o desempenho dos índices, para além da iluminação e das condições atmosféricas. Demarez e Gastellu-Etchegorry (2000) consideraram que a informação estrutural tridimensional da vegetação era importante quando as concentrações de clorofila nas folhas eram estimadas. Também notaram que o cálculo para obter a informação da estrutura 3-D pode ser intensivo, dependendo da complexidade do dossel. Uma técnica de deteção remota capaz de fornecer informações sobre a estrutura da copa das árvores é o LiDAR.

O LiDAR é uma técnica ativa de deteção remota em que os impulsos laser são normalmente enviados de um avião e a altura dos objectos na superfície da Terra é calculada utilizando o tempo de retorno do impulso à origem (van Leeuwen e Nieuwenhuis, 2010). A distribuição dos retornos no espaço tridimensional pode caraterizar a estrutura vertical e horizontal da copa e da subcopa das árvores (Figura 1.2). Os dados LiDAR têm sido utilizados para caraterizar a estrutura e as propriedades biofísicas dos ecossistemas florestais (Magnussen e Boudewyn, 1998; Lefsky et al., 1999; Lim e Treitz, 2004; Popescu et al., 2003; Riaño et al., 2004). A abordagem geral nestes estudos tem sido calcular métricas relacionadas com a altura a partir dos retornos LiDAR, como a altura média, a altura máxima e os quantis, e depois relacionar estas métricas LiDAR com as propriedades biofísicas medidas no terreno, como a altura média da árvore, a altura máxima da árvore, o fecho da copa, o volume, a biomassa e o índice de área foliar (LAI), utilizando análises estatísticas, normalmente de regressão. Foi utilizado um método combinado em que a informação espetral da espetroscopia de imagem e a informação estrutural dos dados LiDAR foram utilizadas para estimar a clorofila nas copas das florestas (Blackburn, 2002; Thomas et al., 2008). Estes estudos mostraram que a precisão de previsão dos modelos melhorou com a adição de dados estruturais LiDAR.

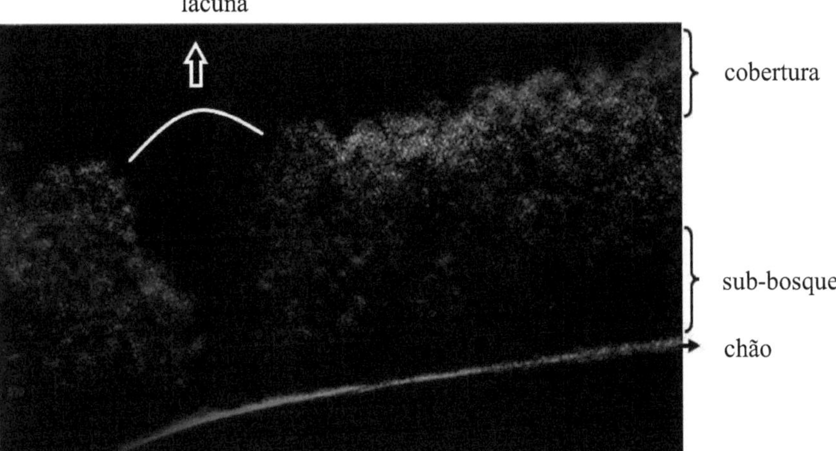

Figura 1.2. Perfil da nuvem de pontos LiDAR mostrando a estrutura vertical e horizontal de uma mancha de floresta decídua de madeira mista no norte de Maryland.

1.2. Objectivos

O objetivo deste estudo foi explorar a estimativa do rácio N:P, macronutrientes (N, P, K, Ca e Mg) e pigmento de clorofila no dossel de uma floresta boreal de madeira mista utilizando dados de satélite IS. Os dados LiDAR aerotransportados foram utilizados como um conjunto de dados suplementar para testar se poderiam melhorar as previsões. Os objectivos específicos são enumerados a seguir e cada um constitui um capítulo de investigação independente.

Objetivo 1: estimar a relação N:P da copa das árvores utilizando dados IS aéreos e espaciais, abordar os efeitos da variação da resolução temporal e espacial na precisão da previsão da relação N:P da copa das árvores e investigar se os dados LiDAR têm algum poder explicativo para a estimativa da relação N:P da copa das árvores. O Capítulo 2 aborda a possibilidade de detetar remotamente a limitação de nutrientes para a produção de biomassa numa comunidade boreal de madeira mista, que pode ser determinada pelo rácio N:P. São utilizados dados IS aéreos e espaciais e é testada a robustez dos índices espectrais de cada conjunto de dados.

Objetivo 2: avaliar os dados IS espaciais para estimar as concentrações de macronutrientes (N, P, K, Ca e Mg) da copa das árvores numa floresta boreal de madeira mista; e testar a contribuição potencial da informação estrutural da copa das árvores derivada dos dados LiDAR para melhorar os modelos de previsão destes macronutrientes. O objetivo 2 é abordado no Capítulo 3.

Objetivo 3: identificar os índices espectrais que podem prever a concentração de clorofila na copa das árvores ao longo dos anos, testar a robustez dos modelos com estes índices derivados de dados IS espaciais para prever a concentração de clorofila na copa das árvores ao longo dos anos no mesmo local e alargar estes modelos de previsão da concentração de clorofila na copa das árvores a uma localização geográfica e a um tempo diferentes. Estes objectivos foram abordados no Capítulo 4.

1.3. Importância da investigação

A deteção remota do rácio N:P fornece um meio de avaliar a limitação de nutrientes da produção de biomassa a escalas locais e traz a possibilidade de o alargar a escalas regionais utilizando dados espaciais, se forem encontrados métodos robustos (Capítulo 2). Se for possível obter modelos de previsão para os macronutrientes com uma exatidão comparável à dos modelos gerados a partir de dados aéreos, será possível alargar a análise à escala da copa das árvores a áreas geográficas maiores a um custo inferior. O trabalho é efectuado em antecipação da futura disponibilidade de dados globais de IS a partir de plataformas espaciais, tais como o Programa Europeu de Mapeamento e Análise Ambiental (EnMAP) do Centro Aeroespacial Alemão, com data de lançamento prevista para 2015, e a missão Hyperspectral Infrared Imager (HyspIRI) da NASA, que deverá ser

lançados entre 2013-2016 (DLR, 2012; NASA, 2012). Os mapas espacialmente explícitos das concentrações de nutrientes podem ser utilizados como entradas em modelos de produtividade dos ecossistemas (Capítulo 3). Em ambos os capítulos, os dados LiDAR são utilizados para melhorar os modelos de previsão, associando-os a atributos estruturais da floresta. Isto é diferente da forma tradicional de extrair métricas dos dados LiDAR e estabelecer modelos preditivos utilizando essas métricas como preditores para estimar as caraterísticas estruturais da floresta, como a altura, a biomassa e o LAI (van Leeuwen e Nieuwenhuis, 2010). O quarto capítulo não só trata da utilização de dados espaciais de IS para prever a clorofila na copa de uma floresta boreal, como também aborda o problema da intransmissibilidade dos modelos empíricos no tempo e no espaço. Testa a robustez destes modelos para prever a clorofila da copa das árvores em diferentes momentos e num local diferente com diferentes dados de sensores. Os resultados deste capítulo abrem caminho para um método universal que poderia ser aplicado à floresta boreal de madeira mista para prever a clorofila à escala da copa.

Capítulo 2

Mapeamento da relação entre o azoto e o fósforo do dossel a duas escalas diferentes numa floresta boreal de madeira mista

Resumo

A relação entre o azoto e o fósforo (relação N:P) na vegetação tem sido utilizada como um índice para detetar a limitação da produção de biomassa e a disponibilidade de nutrientes nas comunidades vegetais. Neste estudo, explorámos a possibilidade de estimar o padrão espacial do rácio N:P foliar utilizando dados de espetroscopia de imagem (IS) a duas escalas, aérea e espacial, numa copa de madeira mista boreal composta por abeto branco e preto, abeto balsâmico, cedro branco do norte, bétula branca e choupo tremedor durante dois Verões. A relação entre o rácio N:P da copa das árvores e a estrutura da floresta foi também investigada através da análise de dados de deteção de luz e alcance (LiDAR). Os dados IS aéreos e espaciais explicaram 70 e 69% da variação do rácio N:P da copa com erros de previsão de 5 e 7,2% em dois anos consecutivos, respetivamente. Os dados IS aéreos foram temporal e espacialmente mais robustos do que os dados IS espaciais na previsão do rácio N:P da copa das árvores e as previsões diferiram significativamente com as alterações de escala. A diferença na resolução espacial tem um impacto no desempenho do modelo para a previsão do rácio N:P da copa das árvores, em relação ao problema da unidade de área modificável (MAUP). Embora os modelos preditivos obtidos a partir de dados LiDAR não tenham melhorado o poder explicativo ou a precisão da relação N:P da copa das árvores em relação aos modelos IS (R^2 de 0,54 e 0,67, erros de previsão de 6,1 e 7,5% para os dois anos, respetivamente), eles fornecem uma visão da relação entre estrutura e crescimento e produtividade no local. Sugerimos que a relação entre o rácio N:P da copa e os dados de deteção remota neste local se baseia na relação entre o rácio N:P da copa e o fecho da copa. A presença de múltiplas espécies cria um gradiente na relação N:P, tornando viável a previsão da relação N:P utilizando dados de deteção remota. Os resultados indicam que o rácio N:P da copa pode ser mapeado utilizando dados de IS aéreos e espaciais neste local, mas devem ser tidas em conta as variações nas escalas espaciais e temporais. Os nossos resultados sugerem que um mapa da relação N:P da copa das árvores tem um potencial valor de diagnóstico na determinação das limitações de nutrientes e a sua precisão deve ser testada com a disponibilidade de dados de estudos futuros que se centrem em trabalhos experimentais para identificar os valores críticos limitantes da relação N:P para a produção de biomassa em ecossistemas boreais.

2.1. Introdução

O azoto (N) e o fósforo (P) são os principais nutrientes que limitam o crescimento das plantas em todo o mundo (Chapin 1980). A relação entre o azoto e o fósforo (relação N:P) na vegetação tem sido utilizada como um índice para detetar a limitação da produção de biomassa e a disponibilidade de nutrientes nas comunidades vegetais. Esta abordagem está bem estabelecida na disciplina da estequiometria ecológica, que estuda o equilíbrio dos elementos químicos nos processos e interações ecológicos (Elser et al. 2000). Foi comunicada uma vasta gama de valores do rácio N:P como limiares para a limitação de nutrientes da produção de biomassa em zonas húmidas (Koerselman & Meuleman 1996), prados (Craine et al. 2008), vegetação rasteira de florestas temperadas (Tessier & Raynal 2003), florestas montanas (Herbert & Fownes 1995), plantações de pinheiro loblolly (*Pinus taeda* L.) (Valentine & Allen 1990) e prados alpinos (Bowman 1994). Nas florestas boreais, foram efectuados estudos em povoamentos de abeto norueguês (*Picea abies* (L.) Karst.) e de pinheiro silvestre (*Pinus sylvestris* L.) (Jacobson & Pettersson 2001), e em plantações de abeto norueguês (Clarholm & Rosengren-Brinck 1995) na Europa, em abeto negro (*Picea mariana* [Mill.B.S.P.) do Quebeque, Canadá (Paquin et al. 1998) e em povoamentos de pinheiro-bravo (*Pinus banksiana* Lamb.) do norte de Ontário, Canadá (Foster & Morrison 1976). Além disso, os rácios N:P da vegetação foram utilizados para indicar a saturação de N em florestas do oeste e do leste dos EUA (Fenn et al. 1996; Tessier & Raynal 2003). Da mesma forma, Gradowski & Thomas (2008) relataram um rácio N:P foliar elevado para uma floresta de ácer no Canadá que estava a receber uma elevada deposição de N e onde o crescimento parecia ser limitado por P. Recentemente, foi investigada a variação do rácio N:P foliar em relação a factores bióticos (i.e.

grupos funcionais) e abióticos (i.e. clima, topografia, localização geográfica) às escalas nacional, continental e global (Reich & Oleksyn 2004; Han et al. 2005; Kang et al. 2011).

A importância e o interesse no rácio N:P foliar e a sua variação espacial sugerem a necessidade de analisar a sua distribuição espacial. Se existirem correlações entre os dados de teledeteção e a relação N:P, podem ser obtidas estimativas da relação N:P ao nível da copa utilizando a teledeteção. Um mapa da relação N:P foliar que apresente a sua variação espacial ao nível da copa pode facilitar o diagnóstico da disponibilidade e limitação de nutrientes e ajudar a eliminar a necessidade de efetuar amostragens intensivas no terreno ou experiências de adição de nutrientes. Além disso, um mapa da relação N:P foliar gerado a partir de dados de teledeteção a uma pequena escala pode ser utilizado como ferramenta de validação para tentativas de modelação a uma escala maior, a nível continental e global, o que pode tornar-se possível com o lançamento de satélites nesta década, como o HyspIRI e o EnMAP, que irão adquirir dados globais de alta resolução espetral. Em relação aos sensores multiespectrais, como o Landsat, a espetroscopia de imagem (IS) proporciona uma elevada resolução espetral graças a bandas espectrais contíguas e estreitas, que cobrem as regiões do visível e do infravermelho próximo (VNIR) e do infravermelho de ondas curtas (SWIR) do espetro eletromagnético (EM). A melhoria da resolução espetral permite estimar determinados produtos bioquímicos com caraterísticas de absorção específicas no espetro EM, estabelecendo relações entre as medições foliares e a informação espetral (Curran 1989). Os dados IS aerotransportados têm sido utilizados para estimar a concentração de N nas copas das florestas temperadas (Wessman et al. 1988; Martin & Aber 1997) e nas gramíneas da savana africana (Mutanga & Skidmore 2004), e os dados IS Hyperion aerotransportados têm sido utilizados para prever a concentração de N nas copas dos eucaliptos (Coops et al. 2003). Os dados aéreos AVIRIS e HyMap IS foram utilizados para estimar as concentrações de P nas copas das florestas tropicais do Havai e das gramíneas da savana africana, respetivamente (Porder et al. 2005; Mutanga & Kumar 2007). O azoto e o P foram previstos em conjunto no mesmo local na vegetação forrageira do Parque Nacional de Yellowstone, utilizando dados IS aerotransportados (Mirik et al. 2005) e na erva da savana africana com dados de espectrorradiómetro (Mutanga et al. 2004). A relação entre a concentração de N e P e a reflectância da folha e do dossel modelado foi investigada em florestas tropicais australianas por Asner & Martin (2008). Os dados do Hyperion foram utilizados para gerar modelos preditivos para a concentração de N e P na floresta boreal de madeira mista do norte de Ontário, Canadá (Gökkaya et al. 2012, em revisão).

Os dados espaciais e aéreos têm normalmente resoluções espaciais diferentes, tendo a teledeteção aérea, na maioria das vezes, resoluções espaciais mais elevadas. As diferentes resoluções espaciais dos dados de teledeteção são uma caraterística inerente resultante das diferenças entre sensores e plataformas. Os dados de teledeteção podem ser vistos como uma grelha de amostragem arbitrária sobreposta à superfície da Terra. De facto, Marceau (1992) identificou os dados de teledeteção como um caso único do problema da unidade de área modificável (MAUP). Em ecologia da paisagem, uma área de estudo pode ser dividida em unidades de área não sobrepostas que podem ter qualquer tamanho e forma, o que afecta as relações e os modelos estatísticos de duas formas significativas. O primeiro é o "efeito de escala" atribuído à variação dos resultados numéricos quando as unidades de área utilizadas na análise são progressivamente agregadas em unidades menores e maiores. A segunda questão é a zonação, ou o 'efeito de agregação' devido a alterações nos resultados numéricos em resultado de combinações alternativas de unidades de área com resoluções iguais ou semelhantes (Openshaw & Taylor 1979). O efeito de escala está diretamente relacionado com os dados de teledeteção porque as imagens de teledeteção representam dois aspectos de escala: grão e extensão. O grão corresponde à resolução espacial e a extensão representa a área total coberta por uma imagem (O'Neill et al. 1996). Na teledeteção, as unidades modificáveis são os pixels, e quando pixels de tamanho igual são agregados em unidades cada vez maiores, a variação dos dados diminui, o que afecta os resultados da análise estatística (Jelinski & Wu 1996). Consequentemente, qualquer tentativa de transferir modelos de dados de teledeteção com uma dada resolução espacial para uma resolução diferente é suscetível de produzir resultados inexactos. Os parâmetros do modelo teriam de ser previamente recalibrados. Foi investigada a influência da variação da resolução espacial na exatidão da classificação (Arbia et al. 1996), na deteção de padrões paisagísticos (Benson & Mackenzie 1995; Moody & Woodcock 1995; Pax-Lenney & Woodcock 1997) e na modelação de processos florestais (Turner et al. 1996; McNulty et al. 1997).

Uma vez que o rácio N:P é um índice da limitação da produção de biomassa e da disponibilidade de nutrientes, está relacionado com a produtividade primária, que se manifesta como biomassa e, por sua vez, com a altura das árvores e das copas. As florestas boreais de madeira mista são compostas por espécies de coníferas e de caducifólias com diferentes alturas e formas de copa, contribuindo para a complexidade estrutural em três dimensões. Esta complexidade estrutural pode ser caracterizada pela tecnologia de deteção remota de luz e alcance (LiDAR), que tem a capacidade de penetrar no dossel e fornecer informações sobre a sua estrutura vertical e horizontal. Isto permite detetar quaisquer correlações entre a altura da copa, a estrutura e a relação N:P foliar, se de facto existirem. Os dados LiDAR e IS têm sido utilizados para investigar a estrutura e a fisiologia da floresta boreal (Thomas et al. 2008; Zhang et al. 2008; Næsset & Gobakken 2008; Korhonen et al. 2011; Vepakomma et al. 2011). Apesar destes estudos e de outros anteriormente citados que investigaram o potencial de previsão de N e P com dados de IS no dossel de vários ecossistemas, incluindo a floresta boreal, não temos conhecimento de quaisquer estudos que tenham abordado a viabilidade da estimativa remota do rácio N:P foliar. Há duas razões para este facto. Em primeiro lugar, é provável que a propagação de erros durante operações aritméticas como a divisão resulte numa baixa precisão. Caso contrário, a representação espacial do rácio N:P seria uma tarefa trivial em que um mapa de concentração de N pode ser dividido por um mapa de concentração de P. Em segundo lugar, não existem caraterísticas de absorção estabelecidas atribuíveis ao rácio N:P no espetro EM típico utilizado para a observação da Terra, ou seja, 400-2500 nm. Por conseguinte, quaisquer correlações entre

Os dados espectrais e o rácio N:P seriam obtidos através de uma covariável que está correlacionada tanto com os dados de teledeteção como com o rácio N:P.

Neste estudo, exploramos o potencial de estimativa do rácio N:P da copa de uma floresta boreal de madeira mista utilizando dados IS e LiDAR. Os nossos objectivos específicos neste estudo são 1) desenvolver modelos preditivos da relação N:P do dossel usando dados IS aéreos e espaciais, 2) abordar as questões de variação temporal e o efeito de escala do MAUP na precisão da previsão da relação N:P do dossel, e 3) investigar se os dados LiDAR têm algum poder explicativo para a estimativa da relação N:P do dossel nesta floresta boreal de madeira mista estruturalmente complexa.

2.2. Materiais e métodos

2.2.1. Antecedentes

Os dados de deteção remota e de campo utilizados neste estudo foram recolhidos no âmbito do Programa Canadiano de Carbono (anteriormente a Rede de Investigação Fluxnet-Canadá) e alguns (em particular os dados hiperespectrais e LiDAR aéreos) foram utilizados em estudos anteriores (por exemplo, Thomas et al. 2006, 2008). A motivação para este estudo deriva das relações significativas observadas entre os macronutrientes (N, P, magnésio, potássio) e o fecho da copa no mesmo local (Gökkaya et al. 2012, em revisão). Uma vez que o fecho da copa é uma medida da biomassa verde na copa, as métricas de deteção remota, tais como os índices espectrais de banda estreita calculados a partir de dados IS (que foram utilizados para prever o verde e a clorofila) e as métricas LiDAR (que demonstraram estar correlacionadas com o fecho da copa), podem ter potencial para modelar o rácio N:P.

2.2.2. Local de estudo

O estudo foi efectuado na Groundhog River Flux Station (GRFS), situada a cerca de 80 km a sudoeste de Timmins, no nordeste do Ontário, Canadá (Figura 2.1a). Uma torre de fluxo de 41 m de altura, que recolhe dados micrometeorológicos e de fluxo, está localizada no local. Este local é um povoamento maduro de madeira mista boreal, geralmente representativo da composição da floresta de madeira mista na região, com uma mistura heterogénea de cinco espécies de árvores primárias, incluindo choupo tremedor (*Populus tremuloides* Michx.), bétula branca (*Betula papyrifera* Marsh.), abeto branco (*Picea glauca* [Moench] Voss), abeto preto, abeto *balsâmico* (*Abies balsamea* [L.] Mill.) e manchas de cedro branco do norte (*Thuja occidentalis* L.). Foram estabelecidas 34 parcelas, cada uma com 11,3 m de raio, utilizando um esquema de amostragem estratificado no raio de 1 km da pegada de fluxo da torre para captar as principais associações de espécies. As parcelas incluíam 25 parcelas de medição circulares, designadas por parcelas Thomas, e nove parcelas do Inventário Florestal Nacional (NFI) (Figura 2.1b).

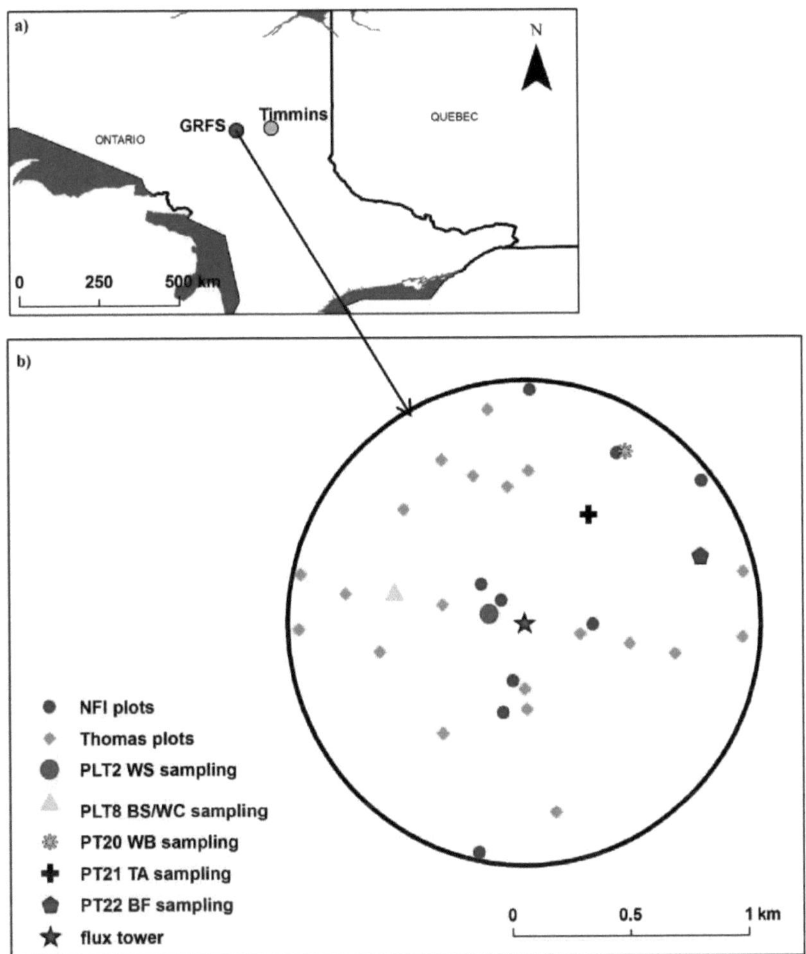

Figura 2.1. (a) Localização da GRFS em Ontário, (b) Disposição das parcelas e localizações das parcelas de amostragem bioquímica no local da floresta de madeira mista. WS = abeto branco (*Picea glauca*); WC = cedro branco do norte (*Thuja occidentalis*); BS = abeto negro (*Picea mariana*); WB = bétula branca (*Betula papyrifera*); TA = álamo tremedor (*Populus tremuloides*); BF = abeto *balsâmico* (*Abies balsamea*).

2.2.3. Dados de mensuração florestal

Os dados de mensuração florestal foram recolhidos em 2003 e 2004 de acordo com os protocolos da rede (Fluxnet-Canada 2003). O diâmetro à altura do peito (dbh), a altura até ao topo da copa, a largura da copa e a espécie foram registados para cada árvore com um dbh superior a 9 cm em cada parcela. A partir destas medições, foram calculados os parâmetros estruturais que descrevem a forma e a altura da copa, incluindo a altura média (média aritmética das alturas de todas as árvores), a altura dominante (altura máxima da árvore), a altura dominante média (altura média das 100 maiores árvores/ha), a altura de Lorey (altura da árvore ponderada pela área basal), a área basal e o fecho da copa para cada parcela. A biomassa de cada espécie foi calculada utilizando as equações alométricas desenvolvidas para as folhosas e resinosas do Ontário, que incorporavam o DAP e a altura das árvores (Alemdag 1983, 1984), e indicada em kg/ha para cada parcela.

2.2.4. Amostragem e análise bioquímica

Foram recolhidas amostras múltiplas de folhas nas partes iluminadas pelo sol da copa de cinco árvores para cada uma das seis espécies em cinco parcelas diferentes da Thomas identificadas na Figura 2.1b, resultando em 30 árvores amostradas em 2004 e 2005. As mesmas árvores foram objeto de uma nova amostragem em julho de 2005. As amostras foram analisadas no Laboratório Inorgânico do Instituto de Investigação Florestal de Ontário (Sault Ste. Marie, Ontário) para determinar a concentração foliar de N, P e outros macronutrientes, de acordo com o protocolo da rede (Fluxnet-Canada 2003). O N total na folhagem foi determinado através da conversão de todas as formas de N em N2 por combustão seca. O método de Kjeldahl foi utilizado para extrair os catiões de P. O P total do extrato de Kjeldahl foi medido utilizando espetroscopia de emissão anatómica com plasma indutivamente acoplado. A concentração média de nutrientes para cada espécie foi calculada através da média de várias amostras recolhidas nas cinco árvores.

O rácio N:P foliar foi calculado dividindo a concentração média de N foliar pela concentração média de P numa base de massa seca para cada espécie. A razão N:P média de uma dada espécie foi multiplicada pela respectiva fração de biomassa para escalar a razão N:P desde a folha até ao nível da copa para cada parcela. A fração de biomassa de uma determinada espécie foi calculada através da razão entre a sua biomassa total e a biomassa de todas as árvores de cada parcela. Uma vez que estávamos mais interessados no dossel superior iluminado pelo sol, a utilização da fração de biomassa em vez do número de árvores de cada fração de espécie eliminou o viés causado por muitas árvores pequenas do sub-dossel nas parcelas.

2.2.5. Dados de deteção remota - pré-processamento

Foram recolhidos dados hiperespectrais aéreos com o Compact Airborne Spectrographic Imager (CASI) sobre o local de estudo em agosto de 2004, numa gama de comprimentos de onda de 400-940 nm em 72 canais com uma largura de banda de aproximadamente 7,5 nm. Os dados foram convertidos em reflectância do solo utilizando o modelo atmosférico CAM5S (Freemantle 2005). A georreferenciação final foi concluída utilizando um modelo de elevação do local derivado de LiDAR sub-métrico, que foi validado utilizando dados GPS corrigidos diferencialmente (Thomas et al. 2008). O tamanho final do pixel da imagem georreferenciada foi de 4m x 4m.

Os dados espaciais do Hyperion IS foram recolhidos em julho de 2005. O sensor Hyperion EO-1 recolhe dados na gama espetral de 400-2500 nm com resolução espetral de 10 nm e espacial de 30 m, respetivamente. Os dados do Hyperion têm rácios sinal-ruído (SNR) mais baixos do que os dos sensores aéreos; contêm pixéis anormais, linhas caídas e destriping em resultado de detectores mal calibrados ou com mau funcionamento (Datt et al. 2003), pelo que estes dados requerem um pré-processamento mais minucioso. Em primeiro lugar, as bandas sem dados ou com SNR muito baixo foram removidas, resultando em 155 bandas. Em seguida, a reflectância da superfície foi obtida utilizando o programa Fast Line-of-Sight Atmospheric Analysis of Spectral Hypercubes (FLAASH), que utiliza um modelo de transferência radiativa para converter a radiância no topo da atmosfera em reflectância à superfície, pixel a pixel (ENVI 2009). Após a correção atmosférica, foi utilizado o algoritmo de fração mínima de ruído (MNF) para reduzir o efeito do ruído. O algoritmo MNF separa o ruído do sinal nos dados, estimando o ruído nos dados. As bandas MNF resultantes podem ser divididas em duas partes: uma parte associada a grandes valores próprios e a imagens espacialmente coerentes, que contêm dados, e outra parte com valores próprios à volta de um, que são imagens dominadas pelo ruído. Ao utilizar apenas as bandas MNF que são espacialmente coerentes e têm valores próprios elevados, o ruído é separado dos dados, melhorando assim os resultados do processamento espetral (Green et al. 1988; Boardman & Kruse 1994). As bandas MNF com valores próprios elevados e imagens espacialmente coerentes podem então ser utilizadas para voltar ao espaço de dados espectrais original, ou seja, a transformação MNF inversa, por vezes após filtragem adicional para reduzir o ruído nas bandas MNF. Neste estudo, o algoritmo MNF foi aplicado às bandas VNIR e SWIR separadamente, porque os dados Hyperion são adquiridos por espectrómetros diferentes nestas duas gamas e a estrutura espacial do ruído, tal como a posição de destriping na imagem, difere entre elas (Datt et al. 2003). As estimativas do ruído foram calculadas a partir de pixels recolhidos sobre massas de água claras, espectralmente homogéneas, dispersas pela imagem. Foi efectuada uma transformação MNF inversa utilizando um total de 22 bandas MNF com base no exame dos valores próprios e da coerência espacial das bandas MNF resultantes. Estas 22 bandas foram depois filtradas pela mediana para reduzir o ruído antes da transformação e as bandas VNIR e SWIR foram combinadas posteriormente. A imagem foi georectificada utilizando uma imagem Landsat TM com um erro quadrático médio total (RMSE) de aproximadamente 6,5 m.

Os dados LiDAR foram recolhidos em agosto de 2004 pela M7 Visual Intelligence Inc. utilizando o sistema Leica ALS-40 (Leica Geosystems Inc., Norcross, Geórgia, EUA) e correlacionados com os rácios N:P da copa das árvores de 2004 e 2005. Uma vez que a relação entre os dados LiDAR e o rácio N:P é feita através de variáveis estruturais da copa das árvores, os dados LiDAR foram utilizados com o pressuposto de que estas variáveis estruturais não se alteram significativamente ao longo de um período de um ano, salvo um evento de perturbação importante que afecte esta floresta, pelo que os dados LiDAR fornecem um indicador estático da estrutura da copa das árvores. O ALS-40 é um sistema de retorno discreto, que capta a primeira e a última resposta acima de um limiar de intensidade especificado para cada impulso laser (referido como "primeiro retorno" e "último retorno"). Este sistema tem uma frequência de impulsos de 25 kHz e um comprimento de onda de 1084 nm. O espaçamento médio entre pontos é de 0,7 impulsos/m^2 . Os dados foram recolhidos a uma altitude de voo aproximada de 1067 m. A precisão posicional horizontal e vertical estimada foi inferior a 20 cm (Thomas et al. 2006).

2.2.6. Dados de deteção remota - geração de índices hiperespectrais e métricas LiDAR

Os índices de banda estreita, que são indicadores do verde e da clorofila, foram calculados a partir da reflectância e da derivada da reflectância nos espectros do visível (400-700 nm), do vermelho (680-750 nm) e da gama inferior do infravermelho próximo (750-800 nm) de ambas as imagens. O cálculo da derivada da reflectância é equivalente ao declive da curva de reflectância num dado comprimento de onda, reduzindo assim a variabilidade causada por alterações na iluminação ou na reflectância de fundo (i.e., rocha, solo, folhada) (Elvidge & Chen 1995). Entre estes, contam-se os índices baseados na razão de reflectância do bordo vermelho, como o índice de Gitelson e Merzlyak 2 (G&M2 = R_{750}/R_{700}), o índice de Vogelmann 2nd (Vog2 = (R_{734}-R_{747})/(R_{715}+R_{726})), o índice de verdura (GI = R_{554}/R_{677}) e os índices derivados, incluindo o máximo da derivada no bordo vermelho ($Dmax_{(680-750)}$) (R e D representam a reflectância e a derivada da reflectância, respetivamente) (Vogelmann et al. 1993; Gitelson & Merzlyak 1997; Zarco-Tejada et al. 1999). Os valores do índice foram extraídos para cada pixel de uma parcela e utilizados para calcular a média da parcela. Estes valores médios do índice para cada parcela foram utilizados como variáveis preditoras na análise de regressão linear.

Os dados LiDAR brutos são referenciados a um elipsoide ou datum e precisam de ser convertidos em alturas acima do solo antes de os relacionar com dados de mensuração florestal, tais como a altura das árvores/dossel. Para obter a altura do dossel acima do solo, ou seja, o modelo de altura do dossel (CHM), o valor da elevação do solo para cada ponto LiDAR derivado do modelo de elevação digital (DEM) foi subtraído dos pontos LiDAR individuais. O DEM foi gerado utilizando um conjunto de dados LiDAR de alta densidade com uma resolução de 0,5 m (Thomas et al. 2006). Para cada parcela, as métricas LiDAR que caracterizam a estrutura vertical e horizontal da copa das árvores foram calculadas a partir dos primeiros retornos do CHM. Estas métricas incluíam as habitualmente utilizadas na análise da estrutura florestal, tais como percentis de altura (10, 20, 30... 100), média, desvio-padrão, coeficiente de variação (ou seja, desvio-padrão/média) e a média do percentil superior de 25th altura (por exemplo, Lim e Treitz 2004; Thomas et al. 2006).

2.2.7. Análises estatísticas para o desenvolvimento de modelos

Os rácios N:P foliares foram comparados entre anos utilizando testes t emparelhados, uma vez que as mesmas árvores foram amostradas em ambos os anos. As distribuições dos rácios N:P foliares foram testadas quanto à normalidade pelo teste de Shapiro-Wilk, que é considerado mais robusto do que outros testes de normalidade quando o tamanho da amostra é pequeno ($n<30$) (Shapiro & Wilk 1965). Considera-se que os dados têm uma distribuição normal quando a estatística "W" se aproxima de 1 e "p" não é significativo. O limiar de significância foi fixado num nível alfa de 0,05.

Foram efectuadas regressões lineares múltiplas utilizando o método dos melhores subconjuntos para gerar modelos preditivos para o rácio N:P, em que os índices calculados a partir dos dados de deteção remota desse ano foram utilizados como variáveis preditoras para cada ano. Este método compara todos os modelos possíveis com um número pré-definido de variáveis preditoras (Hudak et al. 2006). Para evitar o sobreajuste, utilizámos apenas os modelos com um máximo de duas variáveis. A multicolinearidade foi analisada calculando o fator de inflação da variância (VIF) com um valor VIF máximo permitido de 5. Embora um valor de VIF igual ou superior a 10 tenha sido proposto como um indicador de multicolinearidade grave, que precisa de ser resolvida (Kutner et al. 2004), utilizámos um valor máximo de VIF de 5 como limite nas nossas análises para sermos mais conservadores. O poder explicativo do modelo foi expresso pelo coeficiente de determinação, R^2 , e pelo coeficiente de determinação ajustado, R^2_{adj}, que representa a melhoria do poder explicativo do modelo à medida que são acrescentadas novas variáveis. A normalidade dos resíduos foi testada pelo teste de Shapiro-Wilk para satisfazer o pressuposto de normalidade da distribuição F, que é utilizada para testar a significância do modelo. O RMSE, que é um indicador da exatidão do modelo, foi apresentado como percentagem da média. Os modelos foram validados utilizando o método de validação cruzada leave-one-out, em que os resíduos são calculados deixando sucessivamente uma parcela fora da análise, passando por todas as parcelas. Os resultados da validação cruzada leave-one-out são registados através do Predicted Residual Sum of Squares (PRESS) RMSE e PRESS r^2 . Valores baixos de PRESS RMSE e valores elevados de

PRESS r^2 sugerem modelos mais robustos. A significância das variáveis no modelo e o próprio modelo foram determinados com base no valor p (ou seja, $p<0,05$). A análise de regressão foi executada separadamente com os índices e as métricas LiDAR para produzir modelos específicos para IS e LiDAR.

Por último, investigámos se existiam modelos preditivos com as mesmas variáveis preditoras em ambos os anos. A existência de um conjunto de dados de dois anos permitiu-nos fazer esta comparação e esses modelos seriam úteis para prever como os valores do rácio N:P diferem ao longo do tempo através de uma simples calibração do modelo.

2.2.8. Potencial fonte de erro

Poderiam ter sido utilizados dois métodos para prever o rácio N:P foliar através de deteção remota. O primeiro consiste em criar estimativas modeladas de N e P utilizando análises empíricas, como as descritas na secção de análise estatística acima. Uma vez criados e cartografados os modelos de N e P para uma área, estes mapas podem ser combinados para obter o rácio N:P em toda a paisagem (a seguir designado por método de divisão de mapas). Esta abordagem pode potencialmente propagar o erro, resultando em RMSEs mais baixos e níveis de significância do modelo, uma vez que dois produtos modelados. Cada um com um erro associado, são divididos para criar um terceiro modelo. Examinámos este erro potencial dividindo os mapas de concentração de N e P gerados a partir dos modelos de índices obtidos da análise de regressão e comparando o coeficiente de determinação (r^2) e os erros de previsão com as medições foliares em escala superior para cada parcela. Para evitar estes erros propagados, o segundo método, e o nosso preferido, consiste em gerar modclos completamente novos da relação N:P, tal como29 descrito nas secções anteriores, que podem ser validados diretamente contra as relações N:P foliares medidas no terreno.

2.2.9. Avaliação do desempenho do modelo e consideração do MAUP

Vários aspectos inerentes à nossa análise poderiam teoricamente causar diferenças no desempenho do modelo. Os três maiores factores incluem diferenças na resolução espacial (dados aéreos de 4m versus dados de satélite de 30m), diferenças na qualidade radiométrica (tanto os dados CASI como os Hyperion sofrem de ruído em diferentes comprimentos de onda) e diferenças nos rácios N:P foliares de ano para ano. Para testar a robustez dos índices selecionados para a previsão do rácio N:P ao longo do tempo e do espaço, derivámos modelos de cada conjunto de dados separadamente, e depois aplicámos esses modelos a ambos os anos. Isto permitiu duas comparações: os índices de baixa resolução derivados dos dados Hyperion de 2005 foram aplicados aos dados CASI de 2004 de maior resolução (baixo -> alto) e os índices de alta resolução derivados dos dados de 2004 foram aplicados aos dados de 2005 de menor resolução (alto -> baixo).

A variabilidade temporal dos dados de campo permitiu-nos, por acaso, avaliar o impacto do efeito de escala do MAUP no desempenho do modelo para prever a relação N:P da copa. A análise estatística revelou que o rácio N:P foliar do abeto negro não variou significativamente entre 2004 e 2005 (Quadro 2.1). Dado que o abeto negro cobre a área de estudo em grandes manchas homogéneas distintas, foi possível mascarar áreas de abeto negro puro e comparar o desempenho do modelo apenas para essas áreas. Se o modelo não for significativamente afetado pelo MAUP, deverá ter um bom desempenho para caraterizar a relação N:P da copa em qualquer resolução, com as diferenças resultantes de diferenças reais na relação N:P foliar em anos diferentes.

2.3. Resultados

Não foram evidentes diferenças significativas no valor da relação N:P foliar entre anos para todas as espécies agrupadas. Para as quatro espécies de coníferas, o rácio N:P foliar não diferiu significativamente entre 2004 e 2005. No entanto, a bétula de papel e o choupo tremedor apresentaram rácios N:P foliares significativamente mais elevados em 2005 do que em 2004 (Quadro 2.1).

Tabela 2.1. Valores do rácio N:P foliar para as espécies encontradas em GRFS, Ontário, Canadá, em 2004 e 2005. Os valores são a média ± desvio padrão. N=5 para cada espécie. * indica que o rácio N:P difere significativamente entre anos.

	2004	**2005**
Todas as árvores	13.87 ± 2.41	14.60 ± 3.30
Populus tremuloides	14.75 ± 1.68	18.38 ± 1.81 *
Betula papyrifera	16.59 ± 2.14	18.56 ± 0.25 *
Picea glauca	12.31 ± 1.24	12.46 ± 1.28
Picea mariana	12.54 ± 0.91	13.29 ± 0.66
Abies balsamea	15.60 ± 2.14	14.72 ± 1.85
Thuja occidentals	11.42 ± 1.71	10.17 ± 0.21

Para 2004, utilizando os dados aéreos de alta resolução, o máximo da derivada na borda vermelha e a razão de reflectância de certos comprimentos de onda na borda vermelha (índice Vog2) mostraram ser os melhores preditores da razão N:P. Para os dados de satélite de 2005, o rácio de reflectância simples na orla vermelha (índice G&M 2) e o índice de verdura foram identificados como os melhores para prever o rácio N:P da copa das árvores. Os modelos de ambos os anos foram muito semelhantes em termos de variância explicada (70%) para o rácio N:P da copa das árvores (Tabela 2.2). No entanto, o modelo de 2004 teve uma validação cruzada mais baixa PRESS erro RMSE, indicando um modelo mais robusto.

Tabela 2.2. Estatísticas do modelo de previsão do rácio N:P geradas a partir de dados IS aéreos de 2004 e espaciais de 2005. A robustez dos índices como preditores do rácio N:P ao longo do tempo e à escala é testada aplicando os índices de alta resolução derivados dos dados CASI de 2004 aos dados Hyperion de resolução grosseira de 2005 (Alto -> Baixo) e vice-versa (Baixo -> Alto). R e D representam a reflectância e a derivada da reflectância, respetivamente.

Ano	**Índices de variáveis**	R^2	**Adj 2R**	**Calibração RMSE (%)**	**Residuals Shapiro Wp**		**IMPRENSA RMSE (%)**	**IMPRENSA r^2**
2004	Dmax(680-750) & (R734-R747) /(R715+R726)	0.70	0.68	4.8	0.99	0.99	5.0	0.63
2005	R750/R700 & R554/R677	0.69	0.67	7	0.98	0.90	7.2	0.64
Teste de robustez ao longo do tempo e à escala								
Elevado^ Baixa	> (R734-R747) / (R715+R726)	0.65	0.64	7.2	0.99	0.92	7.4	0.61
Baixa ^ Alta	R750/R700	0.34	0.32	7.0	0.97	0.55	7.3	0.24

Quando os índices selecionados para prever a relação N:P foliar para um determinado ano foram testados para prever a relação N:P do outro ano, apenas um dos índices foi significativo para cada ano e a sua capacidade de previsão diferiu significativamente. O índice de razão de reflectância calculado a partir dos dados CASI de 2004 explicou 65% da variação na razão N:P do dossel de 2005, enquanto o índice de razão simples calculado a partir dos dados Hyperion de 2005 explicou apenas 34% da variação na razão N:P do dossel de 2004 (Quadro 2.2).

A comparação de modelos preditivos de uma e duas variáveis entre anos revelou que o índice de reflectância máxima através da borda vermelha (R_{max}(700-770)) e o índice de razão de diferença normalizada modificada ((R_{750}-R_{705})/ (R_{750}+R_{705})) poderiam explicar a variação na razão N:P do dossel com valores $R^2{}_{adj}$ de 0,61 e 0,51 para 2004 e 0,50 e 0,54 para 2005. Vários modelos preditivos de duas variáveis da relação N:P do dossel foram comuns a ambos os anos, mas a maioria não cumpriu os requisitos do modelo, ou seja, a variável era insignificante (p>0,05), tinha VIF elevado, ou o ganho na variância explicada na relação N:P do dossel era mínimo. Um modelo de duas variáveis comum a ambos os anos teve valores de $R^2{}_{adj}$ de 0,66 e 0,60 para 2004 e 2005, respetivamente, para a previsão da relação N:P do dossel.

As duas abordagens para estimar o rácio N:P, ou seja, a divisão do mapa vs. a utilização de índices como variáveis independentes na análise de regressão, produziram resultados diferentes para 2004 e 2005. A exatidão da previsão aumentou em 68% quando a regressão foi utilizada com dados de alta resolução de 2004 e o poder explicativo aumentou de 44 para 70%. Em 2005, o aumento da exatidão da previsão para a abordagem de regressão vs. divisão de mapas foi de apenas 3%, com quase nenhuma alteração no poder explicativo (Quadro 2.3). Por último, os valores previstos do rácio N:P da copa das áreas puras de abeto negro foram significativamente maiores em 2005 do que em 2004 (13,2 vs. 12,5, p<0,0001).

Tabela 2.3. Efeito da variação da escala e do método de estimativa (i.e. divisão do mapa vs. regressão) na precisão da previsão da razão N:P do dossel em 2004 e 2005.

	Divisão do mapa		**Previsão de regressão**		**alteração da exatidão da previsão entre a divisão do mapa e a regressão (%)**
	r^2	RMSE	r^2	RMSE	
2004 (4m)	0.44	1.79	0.70	0.57	68
2005 (30m)	0.68	0.94	0.70	0.91	3

Embora as métricas LiDAR não tenham fornecido melhores modelos preditivos globais para a relação N:P em relação aos dados IS, explicaram 54 e 67% da variação na relação N:P da copa das árvores para 2004 e 2005, respetivamente. As mesmas métricas LiDAR, ou seja, o percentil 50th da altura e a altura máxima, foram selecionadas nos modelos para ambos os anos (Quadro 2.4).

Tabela 2.4. Estatísticas do modelo preditivo LiDAR para a estimativa do rácio N:P da copa das árvores.

ano	**variáveis**	R^2	**Adj R^2**	**Calibração RMSE (%)**	**PRESS RMSE (%)**
2004	50th percentil de altura, altura máxima	0.54	0.51	5.9	6.1
2005	50th percentil de altura, altura máxima	0.67	0.65	7.2	7.5

O fechamento da copa é a única variável biofísica da copa que foi significativamente correlacionada com a relação N:P da copa em ambos os anos. Outras variáveis, incluindo a altura dominante, a altura dominante média, a altura de Lorey, a área basal e a biomassa apresentaram correlações significativas com o rácio N:P em 2005 (Quadro 2.5). Os dois percentis de altura, percentil 50th de altura e altura máxima, calculados a partir de dados LiDAR foram significativamente correlacionados com todas as variáveis biofísicas da copa ($p < 0,0001$).

Tabela 2.5. Coeficientes de correlação entre as variáveis biofísicas do dossel e o rácio N:P do dossel. A significância estatística com 95% de confiança ou mais é indicada por *.

	2004	**2005**
Altura dominante (m)	0.09	0.34*
Altura dominante média (m)	0.13	0.34*
Altura de Lorey (m)	0.17	0.42*
Altura média (m)	0.17	0.32
Fecho em coroa	0.61*	0.73*
Área basal (m^2 /ha)	0.17	0.42*
Biomassa (kg/ha)	0.12	0.37*

O fecho das copas das espécies caducifólias e coníferas ao nível das parcelas diferiu significativamente, exceto no caso do cedro, que estava particularmente sub-representado em termos de tamanho da amostra em comparação com as outras espécies. No entanto, o fecho das copas das espécies caducifólias e coníferas não diferiu significativamente (Quadro 2.6).

Tabela 2.6. Valores de fecho da copa das espécies ao nível da parcela. Os valores são a média ± o desvio padrão. As letras minúsculas indicam diferenças significativas.

espécies	Fecho em coroa
Populus tremuloides	0.53 ± 0.52 a
Betula papyrifera	0.65 ± 0.45 a
Picea glauca	0.11 ± 0.09 b
Picea mariana	0.21 ± 0.18 b
Abies balsamea	0.17 ± 0.17 b
Thuja occidentals *	0,40 ± 0,39 ab

*O tamanho da amostra varia consoante as espécies, com base na abundância nas parcelas. O cedro está particularmente sub-representado, pois só estava presente em duas parcelas.

A distribuição espacial do rácio N:P do dossel em 2004 e 2005 na GRFS é apresentada na Figura 2.2. Ambos os mapas revelam o mesmo padrão em que os valores mais elevados do rácio N:P correspondem às áreas dominadas por espécies caducifólias ou suas misturas e os valores mais baixos correspondem às áreas dominadas por abeto negro e outras espécies de coníferas.

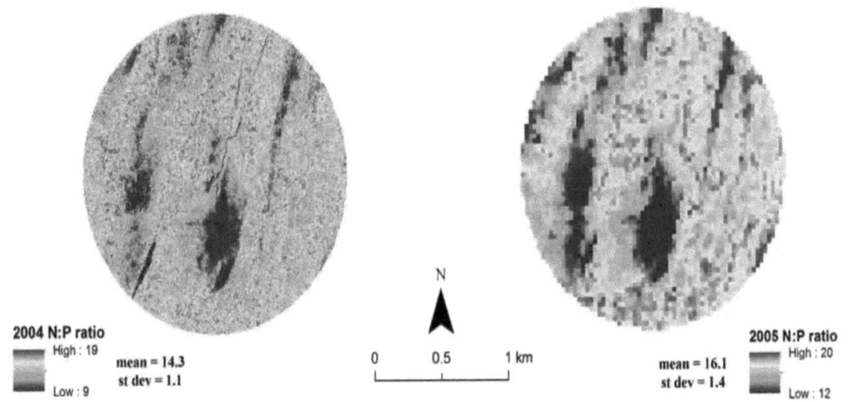

Figura 2.2. Distribuição espacial do rácio N:P do dossel na GRFS em 2004 e 2005 com base nos modelos preditivos N:P do dossel 2004 = 9,19 + 0,73*(Dmax(680-750)) - 12,59*(R734-R747)/(R715+R726), e N:P do dossel 2005 = 13,78 + 0,79*(R750/R700) - 2,14*(R554/R677). R e D representam a reflectância e a derivada da reflectância, respetivamente.

2.4. Discussão

2.4.1. Efeito da variação temporal na previsão do rácio N:P da copa das árvores

O principal efeito da variação da razão N:P foliar entre dois anos foi gerar um gradiente devido às diferenças na distribuição interespecífica do N:P foliar, o que possibilita uma melhor captação por sensoriamento remoto. O gradiente na razão N:P entre as espécies foi maior em 2005 do que em 2004. Por exemplo, a amplitude da relação N:P foliar em 2004 foi de 5,2 com um coeficiente de variação (CV) de 17,4% em comparação com 8,4 e 22,6%, respetivamente, para 2005. Este padrão mantém-se ao nível do dossel, apesar de alguma redução devido ao efeito de suavização do aumento de escala das amostras foliares para o nível da parcela. Os valores do intervalo e do CV da relação N:P ao nível do dossel foram de 4,6 e 8,5% em 2004 e de 7,1 e 12,1% em 2005. Isto pode explicar parcialmente por que razão os dados aéreos, que têm uma resolução espacial e espetral mais elevada, produzem um modelo de previsão com uma capacidade explicativa quase idêntica (valores R^2 de 0,70 e 0,69 para os dados de 2004 e 2005, respetivamente) à dos dados espaciais, que têm uma resolução espacial e espetral mais baixa. No caso dos modelos LiDAR, a diferença é maior. O modelo LiDAR de 2004 tem um valor R^2 de 0,54, ao passo que o modelo de 2005 tem um valor R^2 de 0,67, apesar de os dados LiDAR terem sido recolhidos em 2004 e se esperar que estejam mais fortemente correlacionados com o rácio N:P da copa das árvores de 2004. Quando os índices selecionados para um ano foram testados para prever os dados do outro ano, o índice de 2004 originalmente selecionado para os dados de 2004 teve um melhor desempenho na previsão da relação N:P da copa das árvores de 2005 do que vice-versa, o que também está provavelmente relacionado com o maior gradiente e variabilidade da relação N:P da copa das árvores em 2005. Curiosamente, em 2004, o abeto balsâmico, que é uma conífera, teve um rácio N:P foliar mais elevado do que o choupo tremedor, que é uma caducifólia, mas este padrão não foi observado em 2005. Isto deve-se possivelmente à infestação da traça das duas folhas do choupo, que afectou a cobertura foliar das espécies de folha caduca em 2004 neste local (comentário pessoal a D. Rowlinson, 2004, Técnico Provincial de Saúde Florestal, Ministério dos Recursos Naturais do Ontário). Apesar desta perturbação, a relação N:P da copa em 2004 pôde ser prevista com uma precisão semelhante à de 2005 e mostra o valor da deteção remota para a cartografia da relação N:P. A variação temporal do rácio N:P deve ser tida em conta quando se tenta modelá-lo num contexto multitemporal como neste estudo.

2.4.2. Comparação dos dois métodos de previsão da relação N:P na copa das árvores

Para os dados de 2004 de resolução mais elevada, as duas abordagens para prever o rácio N:P da copa diferiram significativamente em termos de poder explicativo e precisão da previsão. Com uma resolução espacial mais elevada, a variância do rácio N:P é captada com maior precisão e resulta num erro de previsão muito mais elevado através da propagação de erros e numa menor variância explicada pelo modelo quando é utilizado o método de divisão de mapas. O método de regressão tem um melhor desempenho com dados de resolução de 4 m (ou seja, 2004), onde o erro de previsão diminui 68% em comparação com o método de divisão de mapas (Quadro 2.3). Em dados de menor resolução de 2005, não foi evidente qualquer diferença significativa entre as duas abordagens. Isto deve-se em parte ao facto de, com uma resolução espacial de 30 m, a variância ser reduzida devido ao efeito de suavização de uma escala espacial maior e, consequentemente, a propagação de erros não ser significativa para o método de divisão de mapas. Por outras palavras, o modelo de previsão gerado pelo método de regressão em 2005 já tinha mais erros associados do que o modelo de 2004 (ver Quadro 2.2 PRESS RMSE). Entre anos, o método de divisão de mapas gera melhores estimativas da razão N:P do dossel para os dados de 2005 e o método de regressão não diferiu em termos de variância explicada, mas a precisão da previsão foi maior para os dados de 2004. Deve também ter-se em conta que a variação temporal não foi eliminada entre a comparação de 2004 e 2005. Tal como referido na secção anterior, o gradiente e a variabilidade dos dados de um determinado ano podem também afetar o desempenho do modelo. Por último, a qualidade radiométrica dos dois conjuntos de dados de deteção remota é diferente. Os dados Hyperion têm uma SNR inferior à dos dados CASI. Além disso, a resolução espetral dos dados CASI é mais elevada do que a dos dados Hyperion (7,5 nm vs. 10 nm). A resolução espetral mais elevada dos dados CASI permite cálculos de índices mais refinados e precisos do que os dados Hyperion, especialmente para índices que reportam a reflectância máxima ou mínima para um determinado intervalo. Apesar de termos tentado melhorar a qualidade radiométrica dos dados, resolvendo os problemas mais visíveis, como as quedas de linha, as quedas parciais de linha e algumas das riscas, não conseguimos melhorar completamente estes problemas inerentes às caraterísticas do sensor.

2.4.3. Efeito do MAUP no desempenho do modelo

Os rácios N:P previstos para 2004 e 2005 diferiram significativamente ($p<0,0001$), sendo os valores de 2005 superiores. Isto aconteceu apesar da ausência de diferenças significativas entre os valores da razão N:P foliar do abeto negro, o que sugere que o efeito de escala do MAUP afecta o desempenho do modelo para prever a razão N:P da copa. Também tivemos em conta os desequilíbrios na dimensão das amostras foliares e dos pixéis e o efeito esperado nos testes de comparação. Houve apenas cinco amostras foliares, enquanto mais de cem píxeis foram utilizados para comparar os valores previstos de N:P da copa das árvores. Em vez de apenas comunicar os resultados de significância com base em todos os pixéis, estes foram agrupados aleatoriamente em amostras de cinco e comparados, o que foi repetido várias vezes. Em cada caso, a diferença entre os dois anos foi significativa. A diferença na resolução espacial afectou de facto o resultado das análises estatísticas, tal como sugerido pelo conceito MAUP. Quando a mesma área é amostrada utilizando unidades de área maiores, a variância é reduzida devido à agregação espacial.

2.4.4. Modelos preditivos

O desempenho dos índices para prever a relação N:P do dossel para os dois anos é semelhante entre os anos, independentemente da fonte de dados. Os valores de R^2 foram 0,70 e 0,69 para 2004 e 2005, respetivamente (Tabela 2.2). Isto é encorajador para tentativas de modelação em maior escala do rácio N:P da copa das árvores, que podem ser realizadas utilizando dados IS espaciais que cobrem áreas maiores e são mais baratos. Esta abordagem seria adequada para a cartografia do rácio N:P da copa das árvores das florestas boreais, se puder ser alargada a outros tipos de florestas boreais. É necessário investigar se a estimativa do rácio N:P é possível utilizando dados IS espaciais em diferentes tipos de florestas boreais. A existência de índices comuns como preditores da relação N:P do dossel para ambos os anos é promissora para prever a relação N:P do dossel ao longo do tempo. Embora os nossos resultados digam respeito a dois anos consecutivos num único local, mostram que é possível calcular um índice a partir dos dados de teledeteção do ano correspondente, calibrá-lo e utilizá-lo para previsão. Para ambos os anos, pelo menos um dos índices selecionados nos modelos foram índices de razão simples calculados a partir dos comprimentos de onda dentro da zona de bordadura vermelha. O red-edge corresponde à região do espetro EM onde um aumento acentuado da reflectância resulta de uma mudança da absorção dos pigmentos no espetro vermelho para a dispersão das folhas e da copa das árvores no infravermelho próximo (Dawson & Curran 1998). Foi demonstrado que a borda vermelha está correlacionada com a clorofila, o N e o índice de área foliar (LAI) (Curran et al. 1990; Danson & Plummer 1995; Mutanga & Skidmore 2007). Verificou-se que a borda vermelha é menos sensível ao fundo do solo e aos efeitos atmosféricos e pode fornecer informações não disponíveis a partir de uma combinação de bandas espectrais do infravermelho próximo e do visível (Clevers 1999), o que explica parcialmente por que razão os índices de borda vermelha podem funcionar para a previsão da relação N:P à escala da copa. O índice originalmente selecionado a partir do sensor aéreo teve um melhor desempenho quando utilizado para prever a relação N:P de um ano diferente com dados de deteção remota de resolução espacial diferente, ou seja, é temporal e espacialmente mais robusto, mas teria de ser recalibrado quando utilizado para prever um conjunto de dados espacial e temporalmente diferente. Isto pode dever-se à melhor qualidade radiométrica e à maior resolução espetral e espacial dos dados aéreos, resultando numa resposta espetral mais detalhada da copa das árvores que se correlaciona melhor com o rácio N:P da copa das árvores, bem como ao maior gradiente no rácio N:P resultante da variação temporal. Estes índices foram originalmente desenvolvidos para estimar a clorofila ao nível da folha utilizando dados de espectrorradiómetro. Aqui, mostramos que eles são úteis para prever a relação N:P ao nível do dossel usando dados IS aéreos e espaciais.

Embora as métricas LiDAR não tenham fornecido melhores modelos preditivos globais para o rácio N:P, os resultados forneceram informações sobre o significado do rácio N:P num povoamento natural de madeira mista onde não foi aplicada fertilização, o que é o caso de grande parte da floresta boreal de madeira mista. O significado ecológico destas métricas pode estar relacionado com a sua relação com o crescimento e a produtividade do povoamento através de misturas de espécies neste local. A relação N:P é uma medida da limitação da produção de biomassa e da disponibilidade de nutrientes e, por conseguinte, está diretamente relacionada com o crescimento e a produtividade. A variação no crescimento, manifestada pela variação na altura, é captada pelas métricas LiDAR. O modelo preditivo LiDAR de 2005 explica mais variações na relação N:P da copa do que o de 2004, o que se deve provavelmente ao facto de a relação N:P em 2005 estar significativamente correlacionada com outras caraterísticas biofísicas da copa para além do fecho da copa e de todas estas caraterísticas estarem significativamente correlacionadas com as duas métricas LiDAR selecionadas nos modelos (ou seja, o percentil 50th da altura e a altura máxima). A segunda razão pode estar novamente relacionada com o maior gradiente no rácio N:P da copa em 2005. Deve também notar-se que, uma vez que os dados LiDAR foram adquiridos em

2004, a sua interpretação em relação aos resultados da previsão do rácio N:P de 2005 deve ser abordada com alguma cautela, porque a comparação se baseia no pressuposto de que a estrutura da floresta neste local não varia significativamente em relação ao ano anterior.

A relação entre os dados de deteção remota e a relação N:P à escala da copa baseia-se na correlação entre uma caraterística estrutural da copa, ou seja, o fecho da copa e a relação N:P, porque, ao contrário do N ou do P, a relação N:P não tem caraterísticas de absorção no EM. Entre várias métricas de campo, a relação N:P do dossel foi significativamente correlacionada apenas com o fechamento da copa para ambos os anos (Tabela 2.5). O fechamento da copa variou significativamente entre grupos funcionais de espécies neste sítio de madeira mista (Tabela 2.6), e esta variabilidade foi capturada pelos dados IS e LiDAR. O fecho da copa é a covariável que foi significativamente correlacionada com os índices espectrais e as métricas LiDAR selecionadas nos modelos de previsão. É necessário testar se esta correlação entre o rácio N:P e o fecho das copas se mantém noutros tipos de ecossistemas.

2.4.5. Distribuição espacial do rácio N:P da copa das árvores na GRFS e implicações

O padrão de distribuição espacial do rácio N:P é representado de uma forma espacialmente contínua pelos mapas do rácio N:P da copa das árvores (Figura 2.2). Uma comparação revelou que a distribuição do rácio N:P do dossel no local correspondia à distribuição das espécies em ambos os anos. As áreas dominadas por espécies caducifólias, choupo e bétula, apresentaram rácios N:P mais elevados do que as dominadas por espécies coníferas, abeto negro, abeto branco e cedro. Isto é esperado porque o abeto e o cedro têm rácios N:P foliares mais baixos do que as espécies de folha caduca. O mapa de 2004, que foi produzido a partir de uma imagem aérea com uma resolução espacial mais elevada, fornece pormenores mais precisos sobre o padrão espacial do rácio N:P. No entanto, o padrão de distribuição do rácio N:P da copa é semelhante.

Os nossos resultados são uma tentativa de fornecer mapas espacialmente explícitos da relação N:P da copa das árvores para uma área relativamente pequena, ou seja, um raio de um quilómetro à volta de uma torre de fluxo. No entanto, os nossos resultados sugerem que o mapa do rácio N:P tem um valor de diagnóstico potencial para determinar a disponibilidade de nutrientes e a limitação da produção de biomassa para as florestas mistas boreais. O trabalho futuro para avaliar e validar isto deve incluir uma experiência de adição de nutrientes que teste a resposta de crescimento e examine os rácios N:P da vegetação. Outros autores demonstraram o valor da relação N:P da vegetação para determinar a disponibilidade de nutrientes e a limitação da produção de biomassa em ecossistemas de terras húmidas e de terras altas (Güsewell & Koerselman 2002; Tessier & Raynal 2003; Craine et al. 2008). Por exemplo, foram identificados rácios N:P foliares inferiores a 14, indicando limitação de N, e rácios N:P superiores a 16, indicando limitação de P na produção de biomassa em comunidades europeias de zonas húmidas de água doce (Koerselman & Meuleman 1996). No entanto, a extensão destes valores-limite a sistemas de terras altas para detetar a limitação de nutrientes na produção de biomassa é discutível, uma vez que as espécies e as suas adaptações nutricionais diferem, resultando provavelmente num valor-limite crítico diferente do rácio N:P como indicador da limitação de nutrientes na produção de biomassa. De facto, foi encontrado um rácio N:P de 11 como valor crítico na revisão da literatura de estudos realizados em zonas de montanha (Tessier & Raynal 2003). Verificou-se uma grande variação nos rácios N:P entre os tipos de ecossistemas de montanha, variando entre 7 e 29,4, com base na compilação de Tessier & Raynal (2003). Alguns estudos realizados em ecossistemas boreais registaram rácios N:P foliares mais baixos, com uma gama mais estreita. Por exemplo, os rácios N:P foliares em povoamentos puros de abeto norueguês e pinheiro silvestre na Suécia foram de 7,5 e 9, respetivamente, e ambos foram limitados pelo N (Jacobson & Pettersson 2001). O rácio N:P foliar de uma plantação de abeto norueguês na Suécia foi de 9,8, revelando colimitação por N e P (Clarholm & Rosengren-Brinck 1995) e os povoamentos de abeto negro no Quebeque, Canadá, com um N:P foliar de 5, estavam limitados por N (Paquin et al. 1998). Com base nestes resultados noutros ecossistemas boreais e observando o padrão espacial do rácio N:P da copa a partir dos nossos mapas, sugerimos que as regiões de cor azul profunda têm baixa disponibilidade de N e podem ser limitadas em N, uma vez que apresentam os valores mais baixos do rácio N:P. Estas áreas são dominadas por abeto negro e,

na GRFS, o abeto negro cresce principalmente em áreas pantanosas, que têm condições anaeróbicas e pH baixo durante longos períodos do ano, tornando assim a disponibilidade de N baixa (Bridgham et al. 1998). Com base nos valores médios de N:P do sítio de 14,3 e 16,1 em 2004 e 2005, respetivamente, não é possível determinar o tipo de limitação de nutrientes da produção de biomassa da comunidade vegetal na GRFS. Apesar de as florestas boreais serem, em geral, limitadas em N por terem solos mais jovens e menos expostos (Vitousek & Howarth 1991), a elevada variação nos valores críticos da razão N:P para a limitação da produção de biomassa por nutrientes dentro e entre ecossistemas e o escasso número de estudos experimentais para identificar os valores limite da razão N:P para a limitação da produção de biomassa por N e P nas florestas boreais impedem a utilização do mapa da razão N:P da copa para prever a limitação da produção de biomassa na GRFS. Reiteramos a necessidade levantada por Tessier & Raynal (2003) de mais trabalho experimental para identificar os valores críticos do rácio N:P para a limitação de nutrientes da produção de biomassa em diferentes tipos de ecossistemas de montanha. Deve também notar-se que a utilização de valores-limite do rácio N:P para identificar a limitação da produção de biomassa das comunidades em termos de nutrientes só é válida quando o N ou o P são limitantes, tal como referido por Aerts & Chapin (2000). Outros factores que podem limitar a produção de biomassa incluem a limitação por outros elementos que não o N ou o P, a disponibilidade de luz, a água no solo e a baixa
temperatura. É muito improvável que algum destes factores estivesse a limitar a produção de biomassa na GRFS na altura em que estas amostras foram recolhidas, o que corresponde ao pico ou quase pico da estação de crescimento.

Não temos conhecimento de quaisquer outros estudos publicados que tenham utilizado dados de deteção remota para estimar os rácios N:P da copa das árvores e o potencial dos dados de deteção remota para determinar o rácio N:P precisa de ser testado em diferentes ecossistemas. Para tal, é necessário que a gama de valores de N e P no ecossistema seja significativamente maior do que a variabilidade do modelo de regressão. Isto ocorre normalmente quando estão presentes várias espécies, aumentando assim a gama da bioquímica foliar. Em alguns casos, os tratamentos externos, como a fertilização, gerarão um gradiente significativo que aumentará a gama de nutrientes foliares dentro de uma determinada espécie para permitir a previsão de nutrientes dentro da espécie e ou a monitorização com dados de deteção remota (Curran et al. 1997). À escala continental, Reich & Oleksyn (2004) referiram que o rácio N:P foliar variava entre 2,6 e 111,8 numa área geográfica que se estendia das latitudes 43°S a 70°N, com base num conjunto de dados de 1280 espécies de plantas, incluindo árvores coníferas, angiospérmicas, ervas, arbustos e gramíneas, recolhidos em locais de seis continentes. Os resultados mostraram que o rácio N:P estava positivamente relacionado com a temperatura média anual e com a diminuição das latitudes, ou seja, o rácio N:P aumentava em direção ao equador e diminuía em direção às latitudes setentrionais. Esta tendência de aumento da relação N:P foliar em direção ao equador foi observada noutro estudo que abrangeu uma faixa geográfica entre as latitudes 23,5°S e 23,5°N e incluiu florestas temperadas de folha larga, coníferas e tropicais (McGroddy et al. 2004). Estes autores registaram rácios N:P que eram quase o dobro e com maior variação na folhagem das florestas tropicais em comparação com as florestas temperadas. Os rácios N:P foliares mais elevados e mais variáveis nas árvores tropicais também foram observados por Townsend et al. (2007). Nas florestas boreais, a variação do rácio N:P é mais estreita. Os rácios N:P foliares que variam entre um mínimo de 5 e um máximo de 10,1 foram registados em estudos realizados em povoamentos puros de abeto negro, pinheiro manso e abeto da Noruega na Europa e na América do Norte (Foster & Morrison 1976; Clarholm & Rosengren-Brinck 1995; Paquin et al. 1998; Jacobson &Pettersson 2001). No sítio de madeira mista antiga da GRFS, que se situa perto de 48° de latitude norte, o rácio N:P varia entre 11,42 e 16,59 e 10,17 e 18,56 em duas épocas de crescimento em seis espécies florestais boreais (Quadro 2.1). A estimativa por teledeteção do rácio N:P ao nível da copa das árvores mostra que a maioria dos valores N:P se situa entre 10 e 18, o que constitui um intervalo muito mais estreito do que o registado nas florestas temperadas e tropicais. É muito provável que a estimativa remota do rácio N:P foliar seja possível nas copas das florestas temperadas e tropicais, uma vez que estas tendem a ter rácios N:P mais elevados e com maior variabilidade, o que constitui uma vantagem para a estimativa remota. Se a estimativa remota do rácio N:P foliar for possível, constituirá um meio suplementar de avaliação diagnóstica da limitação da produção de biomassa e da disponibilidade de nutrientes, bem como uma compreensão mais abrangente do padrão espacial do rácio N:P foliar ao nível da copa em áreas geográficas mais vastas.

2.5. Conclusões

A possibilidade de modelar o rácio N:P da copa das árvores numa floresta boreal de madeira mista utilizando índices de banda estreita calculados a partir de IS aéreos e espaciais foi explorada neste estudo utilizando dados de dois Verões (i.e., 2004 e 2005). Além disso, foi explorada a utilidade dos dados LiDAR para modelar o rácio N:P da copa das árvores. Por fim, foi examinado o efeito da variação temporal e a diferença na resolução espacial em relação ao efeito de escala do MAUP na precisão da previsão do rácio N:P da copa das árvores. Os nossos resultados sugerem que o rácio N:P da copa pode ser previsto por dados de deteção remota com base na relação entre o rácio N:P da copa e o fecho da copa neste local. A presença de múltiplas espécies cria um gradiente no fechamento da copa, tornando assim viável a previsão da relação N:P usando dados de sensoriamento remoto. Além disso, os índices calculados a partir de dados IS aéreos e espaciais explicam uma variabilidade muito semelhante no rácio N:P da copa das árvores. O índice originalmente selecionado a partir de dados IS aéreos é temporal e espacialmente mais robusto do que o índice selecionado a partir de dados IS espaciais. A variação na escala resultou em diferenças significativas na previsão da relação N:P e a variação temporal afecta os resultados da previsão com base no gradiente e na variação presente nos dados da relação N:P de uma determinada estação. Embora os modelos LiDAR não tenham melhorado o poder explicativo ou a precisão das previsões para prever a relação N:P da copa das árvores em relação aos dados IS, eles fornecem informações sobre as relações da estrutura com o crescimento e a produtividade no local. O rácio N:P é um indicador da limitação de nutrientes da produção de biomassa e da disponibilidade de nutrientes e, por conseguinte, está diretamente relacionado com o crescimento e a produtividade. A variação no crescimento, manifestada pela variação na altura, é captada pelas métricas LiDAR. Estes resultados são encorajadores, pois mostram que a modelação espacialmente explícita do rácio N:P da copa das árvores é possível através de dados de teledeteção e que esta abordagem pode constituir uma ferramenta de diagnóstico para avaliar a limitação da produção de biomassa e a disponibilidade de nutrientes. Os estudos futuros devem centrar-se em trabalhos experimentais para identificar os valores críticos limitantes da relação N:P para a produção de biomassa nos ecossistemas boreais, bem como noutros ecossistemas de terras altas. A capacidade de prever e cartografar o rácio N:P utilizando estimativas obtidas por teledeteção em diferentes tipos de ecossistemas de terras húmidas e de terras altas proporcionará uma melhor compreensão da resposta global do ecossistema à disponibilidade e limitação de nutrientes.

2.6. Agradecimentos

A ajuda de Lesley Rich, Denzil Irving, Maara Packalen, Bob Oliver, David Atkinson, Björn Prenzel, Chris Hopkinson, Laura Chasmer, Brock McLeod, Lauren MacLean e Adam Thompson no terreno é muito apreciada. Agradecemos também a Al Cameron e Lincoln Rowlinson pela criação de um trilho de linha de cruzeiro e pela assistência no local com a identificação das espécies de árvores e a Garry Koteles pela partilha de informações sobre espécies de árvores e sub-bosque e pela realização de medições no terreno para as parcelas de validação do Inventário Florestal Nacional (NFI). O Ontario Forest Research Institute (OFRI) forneceu conhecimentos técnicos para a amostragem de folhas, processamento e instalações laboratoriais para a análise de macronutrientes. A assistência financeira para este trabalho foi fornecida pelo Departamento de Recursos Florestais e Conservação Ambiental da Virginia Tech, uma Bolsa de Fórmula McIntire-Stennis do USDA, a Queen's University em Kingston, Ontário, o Conselho de Investigação em Ciências Naturais e Engenharia do Canadá (NSERC) e o Programa Canadiano de Carbono (anteriormente a Rede de Investigação Fluxnet-Canadá) através de financiamento do NSERC, BIOCAP Canadá e a Fundação Canadiana para o Clima e Ciências Atmosféricas (CFCAS).

Capítulo 3

Previsão de macronutrientes utilizando imagens espaciais espetroscopia e dados LiDAR num dossel de uma floresta boreal de madeira mista

Resumo

Os macronutrientes foliares (azoto (N), fósforo (P), potássio (K), cálcio (Ca) e magnésio (Mg)) são necessários para os processos fisiológicos das plantas e dos ecossistemas, incluindo a fotossíntese (N, P, K, Mg), a produção primária (N), a decomposição (N), a respiração (N, P, K) e a formação da parede celular (Ca). A capacidade de medir, mapear ou modelar os macronutrientes foliares permite-nos compreender os padrões espaciais destes processos. A espetroscopia de imagem (EI) tem sido utilizada para este fim até certo ponto, particularmente para o N, utilizando imagens aéreas e de satélite predominantemente em ecossistemas florestais temperados. No entanto, tem havido muito pouca investigação a estas escalas para modelar o P, K, Ca e Mg e faltam estudos para as florestas boreais. Trabalhos recentes sugerem que a informação estrutural derivada de dados de deteção de luz e alcance (LiDAR) também pode fornecer informações valiosas sobre bioquímicos foliares ao nível da copa, particularmente ao mapear a clorofila e os carotenóides da copa em ambientes complexos de múltiplas espécies. Relatamos os resultados de um estudo de modelação de macronutrientes utilizando dados IS espaciais e LiDAR aéreos para uma copa florestal de madeira mista composta por abeto preto e branco, abeto balsâmico, cedro branco do norte, bétula branca e choupo tremedor no boreal do norte do Ontário. Foram desenvolvidos modelos preditivos utilizando dados IS do satélite Hyperion com R^2 ajustado de 0,73, 0,72, 0,62, 0,25 e 0,67 para N, P, K, Ca e Mg, respetivamente. Os resultados para o Ca sugerem que os dados IS não são úteis para prever a concentração de Ca na copa das árvores neste tipo de floresta. Os dados LiDAR estão correlacionados com as concentrações de macronutrientes e proporcionam uma melhor capacidade de previsão em relação aos modelos IS para o K, Mg e particularmente para o Ca. A presença de várias espécies no local está a conduzir as relações entre os dados LiDAR e as concentrações de macronutrientes, criando um gradiente. O modelo LiDAR explicou 80% da variação da concentração de Ca na copa das árvores com um RMSE inferior a 10%. Quando os dados IS e LiDAR foram combinados, registou-se uma melhoria na previsão do K. Os resultados demonstram que os dados IS de satélite podem ser utilizados para uma modelação precisa dos macronutrientes N, P, K e Mg ao nível da copa das árvores, o que é encorajador para análises em maior escala das florestas boreais.

3.1. Introdução

Os macronutrientes (azoto (N), fósforo (P), potássio (K), cálcio (Ca) e magnésio (Mg)) são necessários para os processos fisiológicos das plantas e dos ecossistemas. Por exemplo, o N é um constituinte importante da molécula de clorofila e da enzima fixadora de carbono ribulose-1,5-bis-fosfato carboxilase/oxigenase, estando assim diretamente relacionado com a fotossíntese (Field e Mooney, 1986). O N foliar está também relacionado com a produção primária e a decomposição (Melillo et al., 1982; Smith et al., 2002). O P é um componente dos ácidos nucleicos, das membranas lipídicas, dos fosfatos de açúcar e do ATP, que desempenham papéis importantes na fotossíntese e na respiração (Taiz e Zeiger, 2010). O N e o P são os principais nutrientes que limitam o crescimento das plantas em todo o mundo (Chapin, 1980). O Mg, tal como o N, é também um constituinte da molécula de clorofila e está diretamente relacionado com a fotossíntese (Taiz e Zeiger, 2010). O K desempenha uma série de papéis importantes na fotossíntese e na respiração, incluindo a translocação de fotossintatos para os órgãos receptores, a manutenção da pressão de turgor, a ativação de enzimas, o metabolismo do N e a redução da absorção excessiva de iões como o Na e o Fe em solos salinos e inundados (Marschner, 1995; Mengel e Kirkby, 2001). O Ca é necessário durante a divisão celular e na síntese de novas paredes celulares, particularmente as lamelas médias (Taiz e Zeiger, 2010).

A capacidade de medir, cartografar ou modelar os macronutrientes foliares permite-nos examiná-los como indicadores para avaliar o estado e o stress da floresta, bem como os processos do ecossistema, como o ciclo e a decomposição dos nutrientes florestais, a troca de carbono (C) (fotossíntese e produção primária líquida (NPP)) e compreender os padrões espaciais destes processos. A fotossíntese e a NPP são de interesse crítico para a avaliação da captura de C, onde as florestas funcionam como sumidouros de C na biosfera, dado que as concentrações atmosféricas globais de dióxido de carbono (CO_2) têm vindo a aumentar a taxas aceleradas nas últimas décadas (Olivier et al., 2011). Os macronutrientes, em particular o N, têm sido utilizados como proxies para a troca de C ou como parâmetros em modelos de ecossistemas. Por exemplo, a concentração de N na copa das árvores foi utilizada para estimar o NPP de ecossistemas florestais temperados, juntamente com medições de campo e dados de deteção remota hiperespectral por Smith et al. (2002) e como parâmetro no modelo de processo florestal PnET-II (Ollinger e Smith, 2005). Assim, os dados regionais e paisagísticos espacialmente explícitos da concentração de N foliar têm o potencial de melhorar a exatidão dos modelos de ecossistemas. Os mapas das concentrações de macronutrientes na copa das árvores a pequenas escalas (por exemplo, na proximidade de uma torre de fluxo) também podem servir como produtos de validação para os esforços de modelação dos ecossistemas.

A deteção remota da bioquímica do dossel florestal tornou-se viável com os avanços da tecnologia de deteção remota, em particular a espetroscopia de imagem (IS). A resposta espetral da vegetação é regida pelas caraterísticas de dispersão e absorção da estrutura interna da folha, da estrutura do dossel e dos constituintes bioquímicos, tais como pigmentos, azoto, celulose, lenhina, proteínas e água (Curran, 1989). O IS fornece informações detalhadas sobre as caraterísticas espectrais dos objectos à superfície da Terra, captando a resposta espetral em numerosas bandas estreitas ao longo de um espetro eletromagnético contínuo (Goetz et al., 1985). Assim, é possível correlacionar caraterísticas de absorção relacionadas com determinados produtos bioquímicos com os espectros obtidos por sensores IS aéreos ou espaciais, utilizando métodos estatísticos como a regressão (Curran, 1989).

Os dados IS aéreos têm sido utilizados para prever o N à escala da copa das árvores, predominantemente em ecossistemas florestais temperados (Wessman et al., 1988; Curran et al.,

1997; Martin e Aber, 1997). Ollinger et al. (2008) incluíram um local de floresta de coníferas boreal no seu estudo para estimar a concentração de N à escala nacional dos EUA. Alguns estudos examinaram a utilidade dos dados Hyperion IS transportados pelo espaço para prever a concentração de N nas copas das florestas de eucalipto (Coops et al., 2003) e compararam a eficácia dos dados AVIRIS e Hyperion IS para prever a concentração de N nas copas das florestas temperadas (Smith et al., 2003; Townsend et al., 2003). No entanto, não existem estudos semelhantes para os ecossistemas florestais boreais.

A deteção de P, K, Mg e Ca utilizando dados IS tem sido mais limitada. A maioria dos estudos utilizou espectrorradiómetros de campo para prever P em campos agrícolas (Al-Abbas et al., 1974; Osborne et al., 2002) e P e K na folhagem de sequóias gigantes e eucaliptos (Gong et al., 2002; Ponzoni e Gonçalves, 1999). A concentração de P, K, Mg e Ca foi examinada em gramíneas de savana (Mutanga et al., 2004) e na folhagem de salgueiro, oliveira, erva e urze (Ferwerda e Skidmore, 2007). À escala aérea, os dados AVIRIS foram utilizados para estimar as concentrações de P integradas na área em florestas tropicais do Havai (Porder et al., 2005) e na savana africana utilizando dados HyMap (Mutanga e Kumar, 2007). Mirik et al. (2005) encontraram uma relação estatisticamente significativa entre um índice de refletividade da vegetação de razão simples (1129 nm/469 nm) e a concentração de P numa base de área na vegetação forrageira do Parque Nacional de Yellowstone, utilizando dados PROBE-1. O pequeno número de estudos demonstra que existe uma clara necessidade de investigar a utilidade dos dados IS para a estimativa de P, K, Mg e Ca em copas de florestas. Tanto quanto sabemos, não existe nenhum estudo que investigue a utilidade dos dados IS espaciais para a previsão destes macronutrientes. Se for possível obter modelos de previsão comparáveis aos obtidos com dados aéreos utilizando dados espaciais, será possível prever os macronutrientes à escala da copa das árvores em áreas geográficas mais vastas com o lançamento de satélites IS, como o HyspIRI e o EnMAP, com datas de lançamento planeadas para esta década, o que proporcionará uma cobertura global contínua.

Quando as estimativas de macronutrientes são efectuadas à escala da copa, é necessário ter em conta a estrutura da copa, uma vez que a distribuição do macronutriente de interesse também está relacionada com a estrutura da copa. Foram demonstradas correlações entre a concentração de clorofila e a estrutura da copa (com base em métricas LiDAR) em florestas boreais de madeira mista (Thomas et al., 2008). O LiDAR é uma técnica ativa de deteção remota em que os impulsos laser são normalmente disparados de um avião e os resultados são utilizados para calcular a altura dos objectos na superfície da Terra. Para uma descrição pormenorizada da deteção remota LiDAR, remete-se o leitor para Wehr e Lohr (1999). A informação sobre a altura obtida a partir dos dados LiDAR pode ser utilizada para caraterizar a estrutura vertical e horizontal da copa das árvores. As métricas calculadas a partir dos dados LiDAR (por exemplo, alturas média, mediana, máxima e percentil, métricas de densidade da copa, coeficiente de variação) têm sido amplamente utilizadas para caraterizar as propriedades estruturais e biofísicas dos ecossistemas florestais, tais como as alturas das árvores a nível individual e das parcelas, o índice de área foliar, o coberto fraccionado e a biomassa; ver van Leeuwen e Nieuwenhuis (2010) para uma análise pormenorizada. Os dados IS e LiDAR têm sido utilizados em sinergia para melhorar a estimativa das concentrações de clorofila e pigmentos nas copas das florestas (Blackburn, 2002; Thomas et al., 2008). Em resultado da sua estrutura heterogénea de copas, os dados LiDAR deverão revelar-se úteis na previsão da concentração de macronutrientes nas copas das florestas boreais de tipo misto.

Espera-se que haja relações entre o N da copa das árvores e a reflectância espetral com base nas suas caraterísticas de absorção nas porções NIR e SWIR do espetro eletromagnético (EM) e também na gama visível devido à sua presença na clorofila. São esperadas relações indirectas entre P, K, Mg e a reflectância espetral devido à sua presença na estrutura da clorofila e das proteínas que têm caraterísticas de absorção direta na gama de 400-2500 nm do espetro EM. Por outro lado, o Ca, que é um macronutriente menos móvel e estrutural, (Pallardy, 2008) pode ser melhor previsto pelos dados LiDAR. Os objectivos do estudo são: 1) avaliar a utilidade dos dados de IS transportados pelo espaço para estimar as concentrações de macronutrientes do dossel (N, P, K, Ca e Mg) numa floresta boreal de madeira mista; e 2) testar a contribuição potencial da informação estrutural do dossel derivada dos dados LiDAR para melhorar os modelos preditivos para estes macronutrientes.

3.2. Materiais e métodos

3.2.1. Local de estudo

Esta investigação foi realizada no antigo local de madeira mista, que faz parte da Estação de Fluxo do Rio Groundhog (GRFS), uma das estações do Programa Canadiano de Carbono (anteriormente a Rede de Investigação Fluxnet-Canadá). O sítio está localizado a aproximadamente 80 km a sudoeste de Timmins, Ontário, Canadá (Figura 3.1a) e inclui uma torre de fluxo de 41 m de altura. O sítio é representativo de uma floresta boreal madura de madeira mista com uma mistura irregular de cinco espécies de árvores primárias, incluindo o álamo tremedor (*Populus tremuloides* Michx.), a bétula branca (*Betula papyrifera* Marsh.), o abeto branco (*Picea glauca* [Moench] Voss), o abeto negro (*Picea mariana* [Mill.] B.S.P.), o abeto *balsâmico* (*Abies balsamea* [L.] Mill.) e manchas distintas de cedro branco do Norte (*Thuja occidentalis* [L.]).

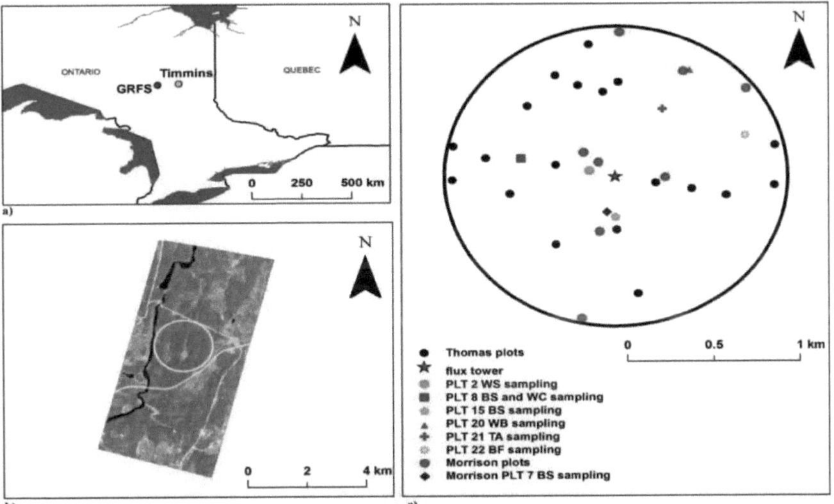

Figura 3.1. (a) Localização da GRFS, (b) Pegada da torre de fluxo na floresta de madeira mista na GRFS, (c) Disposição das parcelas e localização das parcelas de amostragem na floresta de madeira mista. WS = abeto branco (*Picea glauca*); WC = cedro branco do norte (*Thuja occidentalis*); BS = abeto negro (*Picea mariana*); WB = bétula branca (*Betula papyrifera*); TA = álamo tremedor (*Populus tremuloides*); BF = abeto *balsâmico* (*Abies balsamea*).

Foram estabelecidas vinte e cinco parcelas de medição circulares, a seguir designadas por parcelas Thomas, com um raio de 11,3 m, utilizando um esquema de amostragem estratificado no raio de 1 km da pegada de fluxo da torre para captar as principais associações de espécies. Da mesma forma, foram estabelecidas nove parcelas do Inventário Florestal Nacional (NFI), a seguir designadas por parcelas Morrison (Figura 3.1b, c).

3.2.2. Dados de campo

Foram recolhidas amostras múltiplas de folhas das partes superiores da copa iluminadas pelo sol de cinco árvores em várias parcelas para todas as espécies, com exceção do abeto negro, para o qual foram amostradas 13 árvores em julho de 2005 (Figura 3.1c). As amostras foram analisadas no laboratório inorgânico do Ontario

Forest Research Institute (Sault Ste. Marie, Ontário) para determinar a concentração foliar de N, P, K, Ca e Mg. O N total na folhagem foi determinado através da conversão de todas as formas de N em N2 por combustão seca. O método Kjeldahl foi utilizado para extrair os catiões de P, K, Ca e Mg, que foram medidos utilizando plasma indutivamente acoplado - espetroscopia de emissão atómica. Para mais pormenores sobre estes métodos, consultar os relatórios 112 e 113 dos Procedimentos Operacionais Normalizados do Laboratório do Instituto de Investigação Florestal do Ontário (OMNR, 2007a,b). A concentração média de nutrientes para cada espécie foi calculada através da média dos resultados das cinco amostras de árvores para todas as espécies, exceto o abeto negro, para o qual foram amostradas 13 árvores. Para escalar a concentração de macronutrientes do nível das folhas para o nível da copa de cada parcela, foi utilizada a seguinte fórmula:

$$\overline{chl}_{plot} = \sum_{i=1}^{n} (\overline{chl}_i) f_i$$

Sendo i = espécie na parcela, $\overline{chl}_i$= a concentração média de clorofila total para a espécie i, e f_i = fração de biomassa da espécie i dentro da parcela. Eliminámos o enviesamento causado por muitos caules pequenos do sub-dossel na parcela, utilizando a fração de biomassa, em vez do número de caules de cada fração de espécie, uma vez que estávamos mais interessados no dossel superior iluminado pelo sol. Os dados de mensuração florestal foram recolhidos em 2003 e 2004 de acordo com os protocolos Fluxnet-Canada (Fluxnet-Canada, 2003; atualmente conhecido como Programa Canadiano de Carbono). O diâmetro à altura do peito (dbh), a altura até ao topo da copa, a largura da copa e as espécies foram registados para cada árvore com um dbh superior a 9 cm em cada parcela. A partir destas medições, foram calculadas métricas estruturais que descrevem a forma e a altura da copa, incluindo a altura média (média aritmética das alturas de todas as árvores), a altura dominante (altura máxima da árvore), a altura dominante média (a altura média das 100 maiores árvores/ha), a altura de Lorey (altura da árvore ponderada pela área basal), a área basal e o fecho da copa foram calculados para cada parcela. A biomassa total acima do solo de cada parcela foi calculada através da soma da biomassa acima do solo das árvores da parcela, utilizando as equações alométricas desenvolvidas para as folhosas e resinosas do Ontário, que incorporavam o DAP e a altura das árvores (Alemdag, 1983; 1984), e foi indicada em kg/ha.

3.2.3. Dados de deteção remota

Os dados Hyperion EO-1 (400-2500 nm com resolução espetral de 10 nm e resolução espacial de 30 m) foram recolhidos para o GRFS em julho de 2005. Os dados Hyperion têm um rácio sinal-ruído (SNR) mais baixo do que os sensores aéreos, pelo que requerem um pré-processamento significativo. Em primeiro lugar, as bandas que não tinham dados ou tinham um SNR muito baixo foram omitidas da análise. Em segundo lugar, as linhas de varrimento que causavam a separação da imagem foram restauradas tomando a média das linhas adjacentes. Subsequentemente, os dados foram corrigidos atmosfericamente utilizando o programa FLAASH (Fast Line-of-Sight Atmospheric Analysis of Spectral Hypercubes). O FLAASH utiliza o código de transferência de radiação MODTRAN4 para converter a radiância no topo da atmosfera em reflectância à superfície, pixel a pixel (ENVI, 2009). Após a correção atmosférica, a correção geométrica foi completada utilizando um conjunto de dados LiDAR de retorno discreto de alta densidade (3-8 impulsos m^{-2}) recolhidos a uma altitude de voo de 244 m em agosto de 2003 pela Airborne 1 Corp. (El Segundo, CA, EUA) utilizando o ALTM 2050 (Optech Inc., Toronto, Ontário,

Canadá) com um erro posicional de 13 cm na direção x-y e inferior a 15 cm na direção z (Optech Inc, 2002). A raiz do erro quadrático médio final (RMSE) da georrectificação foi inferior a um terço do tamanho de um pixel Hyperion, ou seja, inferior a 10 m. Os mesmos dados LiDAR foram utilizados para calcular as métricas que foram utilizadas na análise de regressão.

3.2.4. Desenvolvimento de modelos

Os dados de reflectância Hyperion e as métricas LiDAR que ajudam a caraterizar a estrutura da copa das árvores foram calculados para cada parcela.

Ao desenvolver modelos para o N, inicialmente as caraterísticas de absorção no NIR (750-1400 nm) e SWIR (1400-2500 nm) associadas às ligações N-H localizadas nos comprimentos de onda 1020, 1510, 1980, 2060, 2130, 2180, 2300 nm, foram utilizadas na análise de regressão linear múltipla para evitar bandas que têm correlações espúrias (Curran, 1989). Na segunda abordagem, foram incluídas na análise as bandas de onda visíveis (400-700 nm), que contêm caraterísticas de absorção da clorofila, e a porção de borda vermelha do espetro (680-750 nm) que está correlacionada com a clorofila (Horler et al., 1983; Filella e Peñuelas, 1994).

Foram utilizadas as seguintes regiões/caraterísticas espectrais para o desenvolvimento do modelo P: (i) caraterísticas de absorção nas gamas de 550-750 nm e 2015-2195 nm (Mutanga e Kumar, 2007); (ii) o índice de vegetação de rácio simples (1129 nm/462 nm) (Mirik et al., 2005); e (iii) os comprimentos de onda disponíveis nos dados Hyperion que são adjacentes a estes comprimentos de onda. Para desenvolver modelos preditivos para o Mg, foram utilizadas bandas de onda na parte visível do espetro que contêm caraterísticas de absorção de clorofila e a borda vermelha. Esta abordagem foi adoptada porque o Mg, tal como o N, é um componente da clorofila e, por conseguinte, as correlações com a informação espetral seriam provavelmente devidas à presença de clorofila. Para o K e o Ca, foram utilizadas bandas de onda dentro de toda a gama da cobertura espetral do Hyperion.

3.2.5. Relações entre os macronutrientes e a estrutura da copa das árvores

As relações entre os macronutrientes do dossel e a estrutura do dossel foram examinadas ao nível da parcela para ajudar a identificar as métricas LiDAR úteis. As métricas LiDAR foram calculadas a partir dos primeiros retornos do modelo de altura do dossel para cada parcela. Estas métricas incluíam métricas comummente comunicadas para a análise da estrutura da floresta, tais como percentis de altura (10, 20, 30... 100), coeficiente de variação, média e a média dos 25th percentis superiores de altura (por exemplo, Lim e Treitz, 2004; Thomas et al., 2008).

3.2.6. Análise de regressão

Foi efectuada uma regressão linear múltipla utilizando a abordagem dos melhores subconjuntos para gerar modelos preditivos para os macronutrientes, em que os dados de reflectância do IS e as métricas LiDAR foram utilizados como variáveis de previsão. Esta abordagem compara todos os modelos possíveis com um número pré-definido de variáveis de previsão (Hudak et al., 2006). Para evitar o sobreajuste, foram desenvolvidos modelos com um máximo de duas variáveis. A multicolinearidade foi evitada permitindo um fator de inflação da variância (VIF) máximo de 5. O poder explicativo do modelo foi expresso pelo coeficiente de determinação, R^2 , e pelo coeficiente de determinação ajustado, R^2 adj, que representa a melhoria do poder explicativo do modelo à medida que são acrescentadas novas variáveis. A normalidade dos resíduos foi testada utilizando o teste de Shapiro-Wilk para satisfazer o pressuposto de normalidade da distribuição F, que é utilizada para testar a significância do modelo. O RMSE, um indicador da exatidão do modelo, foi apresentado como percentagem da média. A validação do modelo foi efectuada utilizando o método de validação cruzada leave-one-out, em que os resíduos são calculados deixando sucessivamente uma parcela fora da análise para efeitos de validação (Holiday et al., 1995). Os resultados da validação cruzada leave-one-out são registados pelas estatísticas da soma de quadrados residuais prevista (PRESS) e do RMSE PRESS. Os valores baixos destas estatísticas sugerem modelos mais robustos. A significância das variáveis no modelo e do próprio modelo foi testada pelo valor p quando a probabilidade, p, era inferior a 0,05. A análise de regressão foi aplicada separadamente aos dados IS e LiDAR para produzir modelos que continham apenas métricas IS e apenas métricas LiDAR. Por último, os dados de reflectância IS e as métricas

LiDAR foram utilizados em conjunto na análise de regressão para testar se existia alguma melhoria com a abordagem combinada.

3.3. Resultados

As concentrações foliares de macronutrientes das principais espécies no local são apresentadas em

Quadro 3.1. O choupo tremedor e a bétula branca tendem a apresentar as concentrações mais elevadas de macronutrientes, ao passo que o abeto branco e o preto apresentam as concentrações mais baixas. Em todos os casos, o Ca é a exceção, pois apresenta uma distribuição aleatória da concentração entre as espécies.

Tabela 3.1. Concentrações médias de macronutrientes no local e nas espécies (média ± desvio padrão) para o local de madeira mista na Estação de Fluxo do Rio Groundhog, 2005 (n=5 para todas as espécies exceto *Picea mariana* cujo n=13).

	N (%)	P (PPm)	K (PPm)	Ca (PPm)	Mg (PPm)
Todas as árvores	1.23 ± 0.64	873 ± 264	4647 ± 1764	8175 ± 2275	1435 ± 668
Populus tremuloides	2.16 ± 0.09	1184 ± 115	7070 ± 1444	11970 ± 1990	2556 ± 362
Betula papyrifera	2.28 ± 0.19	1229 ± 110	5547 ± 734	5885 ± 1380	2222 ± 473
Abies balsamea	1.24 ± 0.09	857 ± 154	5096 ± 963	9828 ± 998	1151 ± 302
Picea glauca	0.94 ± 0.15	755 ± 103	3259 ± 415	6569 ± 1022	892 ± 232
Picea mariana	0.65 ± 0.11	612 ± 106	3074 ± 825	7643 ± 1506	1010 ± 254
Thuja occidentalis	1.04 ± 0.05	1023 ± 50	6355 ± 563	8007 ± 1007	1459 ± 197

Os modelos de previsão de macronutrientes baseados nos dados IS mostram R^2 s elevados para todos os nutrientes, exceto o Ca (Quadro 3.2a). Há uma ligeira melhoria para a previsão de N quando as bandas de onda visível e de borda vermelha são incluídas com os canais espectrais específicos para as caraterísticas de absorção de N. O P é previsto com maior exatidão entre todos os macronutrientes (ou seja, possui o RMSE mais baixo e um valor R^2 elevado). Os modelos preditivos de Mg e K têm valores ajustados de R^2 de 0,67 e 0,62 com RMSEs de 15,4% e 14,5%, respetivamente.

Tabela 3.2. Modelos preditivos gerados a partir de: (a) dados de reflectância IS, (b) dados LiDAR, e (c) dados IS e LiDAR combinados.

Nutriente	Variáveis	R^2	R ajustado^2	Rácio F	p	Calibração RMSE (%)	Residuals Shapiro W	p	PRESS RMSE (%)
a) Dados de reflectância IS									
	Comprimentos de onda (nm)								
N	1023, 2173	0.70	0.68	35.5	<0.0001	19	0.98	0.69	22.9
N	590, 1507	0.75	0.73	46.2	<0.0001	17.3	0.96	0.32	18.1
P	548, 1134	0.74	0.72	44.4	<0.0001	10.6	0.96	0.32	11.9
K	548, 1679	0.64	0.62	27.4	<0.0001	14.5	0.96	0.28	15.2
Ca	457, 2214	0.29	0.25	6.4	0.0046	17.1	0.98	0.62	18.1
Mg	548, 752	0.69	0.67	35.2	<0.0001	15.4	0.98	0.62	16.9
b) Dados LiDAR									
	Métrica LiDAR								
N	50th perc. ht., max. ht.	0.71	0.69	37.6	<0.0001	18.7	0.97	0.37	19.5
P	50th perc. ht., max. ht.	0.65	0.63	29	<0.0001	12.3	0.96	0.30	12.9
K	50th perc. ht.	0.68	0.67	67.7	<0.0001	13.5	0.97	0.45	13.9
Ca	50th perc. ht., covar.	0.80	0.79	61.7	<0.0001	9.1	0.98	0.75	9.4
Mg	50th perc. ht., max. ht.	0.77	0.76	53	<0.0001	13.3	0.96	0.32	13.8
c) Dados IS e LiDAR									
N	1023, 50th perc. ht.	0.75	0.74	47.7	<0.0001	17.1	0.96	0.26	18.5
P	Modelo IS acima	0.74	0.72	44.4	<0.0001	10.6	0.96	0.32	11.9
K	1679, 50th perc. ht.	0.76	0.74	47.8	<0.0001	12	0.94	0.05	12.7
Ca	Modelo LiDAR acima	0.80	0.79	61.7	<0.0001	9.1	0.98	0.75	9.4
Mg	752, 50th perc. ht.	0.78	0.77	55.7	<0.0001	13	0.98	0.91	14

As fortes correlações entre o Ca e a altura dominante, bem como entre o N, P, K, Mg e o fecho da copa (p<0,0001) (Quadro 3.3) levaram a uma análise mais aprofundada do poder de previsão destes parâmetros de campo para os macronutrientes da copa. Foi encontrada uma relação altamente significativa (p<0,0001) entre o Ca e a altura dominante (Figura 3.2a) e o N e o fecho da copa (Figura 3.2b). Quando as parcelas foram agrupadas por dominância de espécies, surgiram padrões diferentes para os dois gráficos. As parcelas dominadas por choupo tremedor e a mistura de choupo tremedor e bétula branca representaram os valores máximos de altura dominante e concentração de Ca e as parcelas dominadas por bétula branca representaram os valores mais baixos de ambos. As parcelas dominadas por abeto negro e as misturas de espécies caducifólias e coníferas apresentaram valores intermédios (Figura 3.2a). Para a relação entre o fecho da copa e a concentração de N, as parcelas de abeto negro e as misturas de coníferas apresentaram os valores mais baixos. As parcelas dominadas por bétula branca, para além das parcelas dominadas por choupo tremedor e choupo tremedor e bétula branca, apresentaram os valores mais elevados. Os valores intermédios foram representados por parcelas dominadas por espécies caducifólias e coníferas (Figura 3.2b). Estas métricas estruturais da copa foram significativamente correlacionadas com as métricas LiDAR, em particular o percentil 50th da altura e a altura máxima (Tabela 3.4).

Tabela 3.3. Coeficientes de correlação de Spearman entre a concentração de macronutrientes e as métricas estruturais do dossel (* e ** denotam significância a p<0,01 e p<0,0001, respetivamente).

	N (%)	**P (PPm)**	**K (PPm)**	**Ca (ppm)**	**Mg (PPm)**
Altura dominante (m)	0.34	0.33	0.48**	0.71*	0.47**
Altura dominante média (m)	0.34	0.33	0.49**	0.70*	0.46**
Altura de Lorey (m)	0.42	0.41	0.52**	0.65*	0.51**
Altura média (m)	0.32	0.30	0.41	0.48**	0.39
Fecho da coroa	0.74*	0.74*	0.69*	0.18	0.76*
Área Basal (m^2 /ha)	0.45**	0.46**	0.63*	0.56**	0.55**
Biomassa (kg/ha)	0.38	0.38	0.52**	0.48**	0.48**

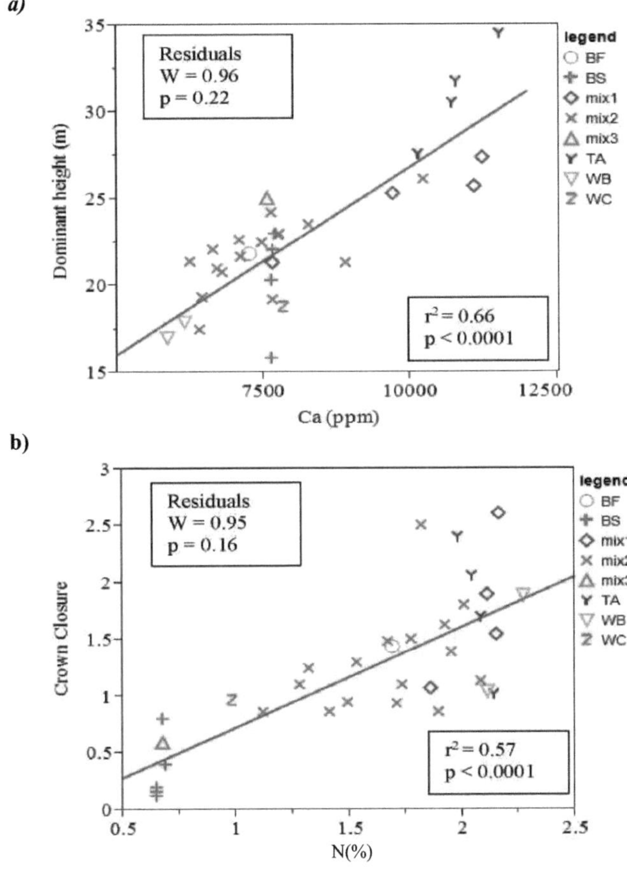

Figura 3.2. A relação entre: (a) concentração de Ca e altura dominante, e (b) concentração de N e fecho da copa. W representa a estatística do teste Shapiro-Wilk. BF=abeto, BS=abeto negro, mix1=decídua mista, mix2=decídua mista e conífera, mix3=conífera mista, TA=choupo, WB=bétula branca, WC=cedro branco.

Tabela 3.4. Coeficientes de correlação de Spearman entre as métricas estruturais da copa das árvores e as métricas LiDAR selecionadas para os modelos preditivos (* e ** denotam significância de $p<0,01$ e $p<0,0001$, respetivamente).

	50th percentil de altura	**Altura máxima**	**Coeficiente de variação**
Altura dominante (m)	0.74*	0.92*	-0.28
Altura dominante média (m)	0.81*	0.92*	-0.34
Altura de Lorey (m)	0.82*	0.90*	-0.34
Altura média (m)	0.76*	0.80*	-0.39
Fecho da coroa	0.65*	0.43**	-0.68*
Área Basal (m^2 /ha)	0.78*	0.61*	-0.57**
Biomassa (kg/ha)	0.81*	0.74*	-0.46**

Os modelos de previsão gerados a partir das métricas LiDAR estão resumidos na Tabela 3.2b. A métrica LiDAR proporcionou a melhoria mais significativa para a previsão de Ca em comparação com os modelos IS (R ajustado^2 = 0,79; RMSE = 9,1%). O R ajustado^2 para o modelo de previsão do Ca aumentou mais de três vezes e o RMSE diminuiu 50%. A segunda melhoria notável foi na previsão de K, em que o R ajustado^2 do modelo aumentou de 0,62 para 0,67, apesar de ser um modelo univariado, e o RMSE diminuiu (Tabela 3.2b). Foi selecionado um modelo univariado para o K porque a segunda variável do modelo bivariado ou não era significativa ou o aumento do R ajustado^2 do modelo bivariado era mínimo. Por último, a previsão de Mg utilizando as métricas LiDAR também melhorou em comparação com os modelos IS. O R ajustado^2 aumentou de 0,67 para 0,76 e o RMSE diminuiu. Relativamente ao N, não se registou uma diferença significativa em comparação com os modelos IS. O P não é previsto tão bem com as métricas LiDAR, com o R ajustado^2 a diminuir 12,5% em comparação com o modelo de dados IS.

A única melhoria notável em relação aos modelos IS ou LiDAR foi a previsão de K quando foram utilizados os dados IS e LiDAR (Tabela 3.2c). O R ajustado^2 aumentou 19% e 10% em relação aos modelos IS- e LiDAR-only, respetivamente. Os RMSE da calibração diminuíram 17% e 11% e os RMSE da validação cruzada diminuíram 16% e 9%, em comparação com os modelos apenas IS e LiDAR, respetivamente. Os valores previstos da concentração de K mostram uma boa concordância com as concentrações de K observadas. As parcelas dominadas por choupo tremedor e misturas de choupo tremedor e bétula branca representaram os valores mais elevados de concentração de K e as parcelas dominadas por abeto negro representaram os valores mais baixos de concentração de K. A bétula branca e a mistura de parcelas dominadas por caducifólias e coníferas constituíram os valores intermédios de concentração de K (Figura 3.3a). A distribuição espacial da concentração de K na copa das árvores tende a imitar a distribuição das espécies no sítio, com as áreas dominadas por choupo tremedor e bétula branca a apresentarem concentrações mais elevadas de K na copa das árvores e as áreas dominadas por abeto negro a apresentarem concentrações mais baixas (Figura 3.3b). A concentração média de K no local é de 4686 ppm com um desvio padrão de 982 ppm. O modelo IS gerou a melhor previsão de P e o modelo LiDAR foi ótimo para a previsão de Ca. Os modelos de dados combinados não produziram melhorias visíveis na previsão de Mg ou N em relação aos modelos IS ou LiDAR apenas.

Também se verificaram fortes correlações entre as concentrações dos macronutientes, com exceção do Ca, que não apresentou correlações significativas com as concentrações de N, P e K (Quadro 3.5).

Tabela 3.5. Coeficientes de correlação de Spearman entre as concentrações de macronutrientes das amostras foliares recolhidas no local de fluxo do rio Groundhog em julho de 2005 (* e ** denotam significância a p<0,05 e p<0,0001, respetivamente).

	P	K	Ca	Mg
P	1.00			
K	0.81*	1.00		
Ca	0.15	0.30	1.00	
Mg	0.79*	0.68*	0.38**	1.00
N	0.85*	0.70*	0.16	0.63*

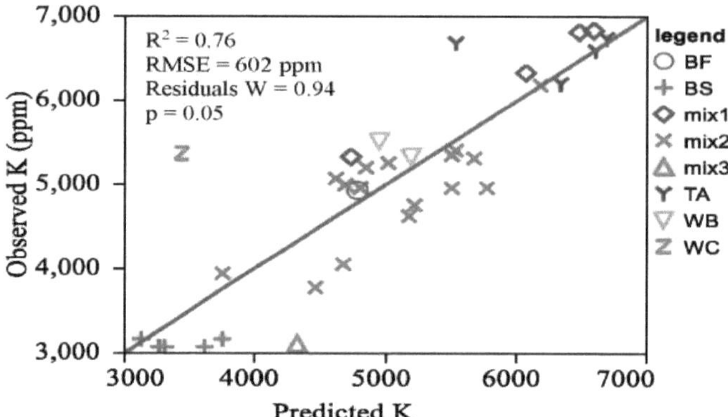

a)

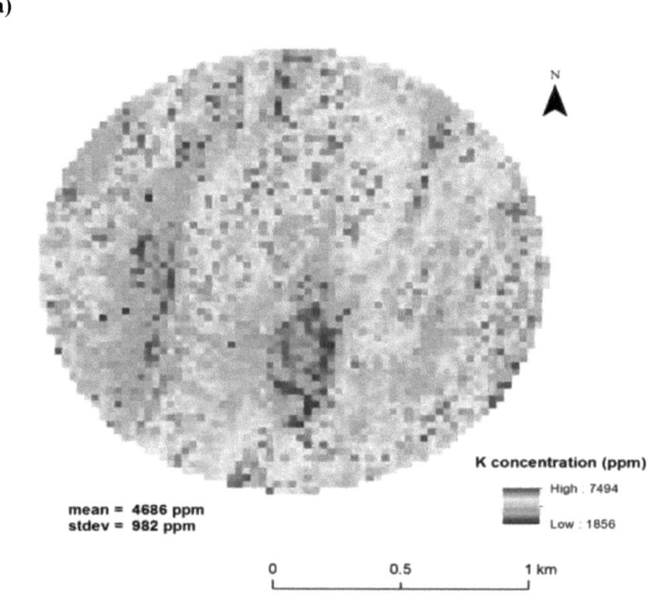

b)

Figura 3.3. (a) Concentração de K observada versus prevista obtida a partir do modelo IS e LiDAR na Tabela 2c com a equação K = -606 + 247*R1679 $_{nm}$ + 162*50th perc. ht. W representa a estatística do teste Shapiro-Wilk. BF=abeto, BS=abeto negro, mix1=floresta mista de folha caduca, mix2=floresta mista de folha caduca e coníferas, mix3=floresta mista de coníferas, TA=choupo, WB=bétula branca, WC=cedro branco. (b) Distribuição espacial da concentração de K no dossel no local da floresta de madeira mista calculada a partir deste modelo.

3.4. Discussão

3.4.1. Modelos preditivos IS

A gama visível do espetro tem valor preditivo para o N porque mostra as caraterísticas de absorção da clorofila que contém N. Para o modelo de previsão de P, uma das variáveis selecionadas foi a banda de 548 nm correspondente ao pico de reflectância verde, que tem sido associada à clorofila e ao N (Gitelson e Merzlyak, 1996; Peñuelas et al., 1994). Outra variável importante foi a banda de 1134 nm na região NIR, que tem sido correlacionada com a concentração de P (Mirik et al., 2005) (Quadro 2a). Do mesmo modo, o modelo Mg contém comprimentos de onda que têm sido relacionados com a previsão da clorofila (548 nm; 752 nm) (Quadro 2a). A banda do pico verde (548 nm) e o comprimento de onda de 1679 nm na região SWIR foram selecionados para o modelo K (Quadro 2a). A reflectância verde está relacionada com a clorofila e a banda de 1690 nm atribuída à lenhina, amido, proteína e N é a caraterística de absorção mais próxima da banda de 1679 nm. A concentração de K no dossel pode estar relacionada com esta banda através das proteínas e do seu papel na ativação de coenzimas. Tal como relatado por Mutanga et al. (2004) para as gramíneas da savana africana, os macronutrientes apresentam fortes correlações entre si (com exceção do Ca) (Quadro 5). Este facto explica parcialmente porque é que o comprimento de onda de 548 nm foi útil para os modelos de P, K e Mg. Não foram estabelecidas caraterísticas de absorção para Ca, K, Mg ou P nas porções visível, NIR e SWIR do espetro. As correlações que observámos são provavelmente o resultado de relações indirectas entre estes macronutrientes e os químicos que têm caraterísticas de absorção conhecidas, incluindo a clorofila, o N e as proteínas.

Apesar da caraterística SNR baixa dos dados Hyperion em comparação com os dados de sensores aéreos, as nossas estimativas de macronutrientes são comparáveis aos poucos outros estudos que foram realizados utilizando espectrorradiómetro e dados aéreos. Os dados IS aerotransportados produziram um R^2 de 0,63 e um RMSE de 28% para a concentração de P na copa das árvores em gramíneas da savana africana (Mutanga e Kumar, 2007).

Estes autores verificaram que a inclusão da gama SWIR de 2015-2195 nm diminuiu o seu RMSE de 58% para 28%. As nossas estimativas de P não melhoraram quando foram utilizados os comprimentos de onda da região SWIR. As diferenças entre os métodos estatísticos utilizados nos dois estudos (ou seja, regressão versus análise de rede neural), o SNR mais baixo dos dados Hyperion na gama SWIR e a diferença entre os tipos de ecossistemas podem explicar esta diferença. O índice de vegetação de rácio simples (1129 nm/462 nm) calculado a partir de dados IS aéreos foi correlacionado com P (R^2 = 0,65) no dossel de vegetação forrageira composto por gramíneas, juncos, forbes, artemísia e salgueiro no Parque Nacional de Yellowstone (Mirik et al., 2005). Este índice e os comprimentos de onda individuais foram incluídos na nossa análise de regressão de P. A banda espetral a 1134 nm (comprimento de onda mais próximo de 1129 nm disponível nos dados Hyperion) foi escolhida como a segunda variável no modelo. Foram obtidos modelos preditivos com valores de R^2 de 0,73, 0,67, 0,77, 0,17 e 0,33 para N, Ca, Mg, P e K, respetivamente, para coberturas de gramíneas tropicais cultivadas em estufa, utilizando a técnica de remoção de continuum na gama de 550-750 nm, utilizando dados de espectrorradiómetro (Mutanga et al., 2005). Os nossos resultados produziram melhores modelos de previsão para P e K, mas não para Ca (Quadro 2a). Uma razão para esta diferença pode estar relacionada com as baixas correlações do Ca com outros macronutrientes no nosso conjunto de dados (Quadro 5), em comparação com os deles, em que o Ca apresentou correlações muito significativas com o N e o Mg. Do mesmo modo, as correlações do N com o K e o P no seu estudo foram mais fracas do que no nosso conjunto de dados. Uma vez que a gama de 550-750 nm contém caraterísticas de absorção de pigmentos que estão indiretamente relacionadas com o N, a menor precisão de previsão para o K e o P e a melhor precisão de previsão para o Ca podem ser atribuídas à força da correlação com o N. As porções visível, NIR e SWIR do espetro previram o N, o Ca, o Mg, o P e o K com valores de R^2 de 0,70, 0,50, 0,68, 0,80 e 0,64, respetivamente, na copa de cinco espécies de gramíneas, utilizando dados de espectrorradiómetro e a técnica de remoção do contínuo (Mutanga et al, 2004). Os nossos resultados são comparáveis, com exceção do Ca. Outro estudo estimou N, Ca, Mg, P e K com valores de R^2 de 0,76, 0,65, 0,56, 0,85 e 0,73, respetivamente, a partir da reflectância espectroradiométrica recolhida de amostras de folhas de oliveira, urze, salgueiro e mopane (Ferwerda e Skidmore, 2007). Estes modelos foram desenvolvidos utilizando regressão por etapas, em que foram incluídas até quatro bandas nos modelos. Nos estudos citados até agora, a precisão da previsão para o Ca é consistentemente melhor do que os nossos resultados. Para além das explicações propostas para as possíveis diferenças, um outro fator importante pode estar relacionado com as diferenças nos tipos funcionais, i.e., erva versus árvore. Uma vez que o Ca é um elemento estrutural e também armazenado em grandes quantidades no tecido lenhoso (Pallardy, 2008), o sinal recebido da camada da copa pode não conter informação suficiente para gerar bons modelos preditivos para o Ca neste tipo de floresta. Este facto é apoiado pela ausência de uma relação significativa entre a concentração de Ca e o fecho da copa. Estudos futuros devem investigar o efeito das diferenças de tipo funcional para a estimativa do Ca.

A capacidade de modelar N, P, K e Mg utilizando dados espaciais de IS nesta floresta boreal de madeira mista demonstra o potencial de mapeamento destes macronutrientes à escala da copa em áreas geográficas maiores, com a disponibilidade de dados de satélites IS que estão planeados para serem lançados nesta década, o que fornecerá dados globais de IS. Esta poderia ser uma abordagem útil para as florestas boreais do Canadá, que cobrem vastas áreas geográficas, se fosse possível gerar modelos preditivos noutros tipos de florestas boreais em toda a sua área de distribuição. Devem ser efectuados estudos futuros que abordem esta possibilidade.

A regressão linear múltipla tem sido criticada devido à possibilidade de sobreajuste durante o processo de calibração e à seleção de bandas com correlações espúrias. Em primeiro lugar, no caso do N, resolvemos este problema concentrando-nos nas bandas de onda centradas ou mais próximas das caraterísticas de absorção que foram atribuídas ao N. Em segundo lugar, no caso do P e do Mg, concentrámo-nos nas porções do espetro eletromagnético que contêm caraterísticas de absorção indiretamente relacionadas com o macronutriente, com base nos relatórios anteriores. Por último, limitámos o número de comprimentos de onda de previsão a um máximo de dois.

3.4.2. Relações entre macronutrientes e estrutura da copa das árvores e modelos LiDAR

As fortes relações observadas entre os macronutrientes e as métricas LiDAR baseiam-se nas correlações significativas entre a estrutura da copa das árvores (e a forma como a distribuição das nuvens de pontos LiDAR recolhe essa estrutura) e a concentração de macronutrientes. Por exemplo, a concentração de Ca pode ser prevista com um valor r^2 de 0,66 pela altura dominante e a concentração de N pode ser prevista pelo fecho da copa com um valor r^2 de 0,57 (Figuras 3.2a e b). A relação entre N, P, K e Mg e o fecho da copa sugere que a quantidade de material foliar verde na copa pode ser o fator subjacente a esta relação. Existem correlações significativas entre a clorofila e estes macronutrientes, com exceção do Ca (não apresentado). Isto abre caminho para futuras investigações que examinem os índices de verdura e clorofila para a previsão de N, P, K e Mg.

As correlações entre a concentração de K, Mg e Ca e as variáveis estruturais do dossel reflectem-se na melhoria dos seus modelos de previsão gerados a partir de métricas LiDAR em comparação com os modelos IS (Quadro 3.2b). A melhor melhoria na exatidão da previsão obtida com a utilização de métricas LiDAR foi no Ca, provavelmente devido à sua correlação significativa com a altura dominante (Figura 2a). As métricas LiDAR não melhoraram a previsão de N e P em comparação com os modelos IS, provavelmente porque não tinham correlações significativas com as medições de altura. De facto, as métricas LiDAR diminuíram a precisão da previsão de P (Tabela 3.2b). Anteriormente, foram observadas fortes correlações entre as concentrações de clorofila e carotenóides e as medições da altura e do fecho da copa neste local (Thomas et al., 2008). A heterogeneidade vertical e horizontal do dossel da floresta mista boreal GRFS, que resulta da presença de várias espécies, permite captar a estrutura do dossel através dos dados LiDAR e relacioná-la com a concentração de macronutrientes. As parcelas tendem a ser separadas com base nas suas espécies dominantes quando representadas graficamente para examinar a relação entre as variáveis estruturais da copa e a concentração de nutrientes (Fig. 3.2 a,b). A presença de várias espécies está a criar o gradiente necessário para prever os macronutrientes. Se esta relação se estende a diferentes tipos de floresta e a outros ecossistemas está ainda por determinar e requer um estudo mais aprofundado.

Quando os dados IS e as métricas LiDAR foram utilizados em combinação para prever as concentrações de macronutrientes, o modelo IS revelou-se ótimo para prever o P, enquanto o modelo LiDAR foi ótimo para prever o Ca. Ao mesmo tempo, não se observou qualquer melhoria na previsão de N e Mg. O K foi o único macronutriente cuja precisão de previsão aumentou com a combinação dos dados IS e LiDAR (Tabela 3.2c). Uma vez que a melhor previsão do Ca requer dados LiDAR, isto sugere que o Ca está fortemente relacionado com a estrutura da copa, pelo menos para este tipo de floresta.

Vale a pena notar que os dados LiDAR foram recolhidos dois anos antes da recolha de amostras foliares, mas pensamos que a separação temporal não afectará os resultados porque a relação dos dados LiDAR com os macronutrientes é feita através de variáveis da estrutura da copa, como o fecho da copa e a altura da copa. Esperamos que estas variáveis medidas no terreno não difiram significativamente de ano para ano, a menos que haja um grande evento de perturbação entre os anos. Não temos conhecimento de qualquer grande perturbação nesta floresta durante este período.

3.5. Conclusões

Este estudo testou a utilidade dos dados IS espaciais e LiDAR aéreos para modelar as concentrações de macronutrientes na copa de uma floresta boreal de madeira mista. Ao fazê-lo, avaliámos a contribuição da informação estrutural da copa fornecida pelos dados LiDAR para prever as concentrações dos macronutrientes. Foi possível modelar as concentrações de N, P, K e Mg da copa das árvores utilizando dados Hyperion transportados pelo espaço e demonstra o potencial de mapeamento destes macronutrientes à escala da copa das árvores em áreas geográficas maiores, especialmente com a disponibilidade de dados de satélites IS que estão planeados para serem lançados nesta década, que fornecerão dados IS globais. Os dados LiDAR estão relacionados com as concentrações de macronutrientes através de relações com a estrutura da copa, especificamente a altura da copa e o fecho da copa. A presença de várias espécies no local está a impulsionar as relações entre os dados LiDAR e as concentrações de macronutrientes, criando um gradiente. Os dados LiDAR melhoraram significativamente a previsão de Ca neste local de estudo.

Finalmente, a capacidade de previsão do K é melhorada quando os dados IS e LiDAR são combinados.

3.6. Agradecimentos

A ajuda de Lesley Rich, Denzil Irving, Maara Packalen, Bob Oliver, David Atkinson, Björn Prenzel, Chris Hopkinson, Laura Chasmer, Brock McLeod, Lauren MacLean e Adam Thompson no terreno é muito apreciada. Agradecemos também a Al Cameron e Lincoln Rowlinson pela criação de um trilho de linha de cruzeiro e pela assistência no local na identificação de espécies de árvores e a Garry Koteles pela partilha de informações sobre espécies de árvores e sub-bosque e pela realização de todas as medições de campo para as parcelas de validação do Inventário Florestal Nacional (NFI). O Ontario Forest Research Institute (OFRI) forneceu conhecimentos técnicos para a amostragem de folhas, processamento e instalações laboratoriais para a análise de macronutrientes. A assistência financeira para este trabalho foi fornecida pelo Departamento de Recursos Florestais e Conservação Ambiental da Virginia Tech, uma Bolsa de Fórmula McIntire-Stennis do USDA, a Queen's University em Kingston, Ontário, o Conselho de Investigação em Ciências Naturais e Engenharia do Canadá (NSERC) e o Programa Canadiano de Carbono (anteriormente a Rede de Investigação Fluxnet-Canadá) através de financiamento do NSERC, BIOCAP Canadá e a Fundação Canadiana para o Clima e a Biodiversidade.

Ciências Atmosféricas (CFCAS).

Capítulo 4

Teste da robustez de modelos preditivos para a clorofila gerada a partir de dados de espetroscopia de imagem espacial no dossel de uma Floresta boreal de madeira mista

K. Gökkaya[a], V. Thomas[a], T. Noland[b], J.H. McCaughey[c], I. Morrison[d] e P.M. Treitz[ca]
Department of Forest Resources and Environmental Conservation, Virginia Tech, Blacksburg, VA, EUA[b] Ontario Ministry of Natural Resources, Ontario Forest Research Institute, Sault Ste. Marie, ON, Canadá[c] Department of Geography, Queen's University, Kingston, ON, Canadá[d] Canadian Forest Service, Natural Resources Canada, Sault Ste. Marie, ON, Canadá

Resumo
A quantidade de clorofila na folha influencia o potencial fotossintético e pode ser um indicador do estado geral de uma planta, incluindo o seu nível de stress e estado nutricional. Por conseguinte, é importante compreender a variação espacial e temporal da concentração de clorofila. A espetroscopia de imagem (IS) tornou possível estimar a clorofila tanto ao nível da folha como da copa das árvores. Os espectrómetros de imagem espaciais tornaram-se disponíveis na última década e oferecem a possibilidade de estimar a concentração de clorofila a escalas espaciais maiores a um custo menor. Realizámos este estudo para testar a robustez dos modelos de previsão gerados utilizando dados Hyperion para prever a concentração de clorofila de conjuntos de dados de diferentes locais recolhidos em anos diferentes. Dois índices, o índice de clorofila derivada (ICD = D_{705}/D_{722}) e a derivada máxima da banda vermelha dividida pela derivada de 703 nm ($Dmax_{(680-750)}/D_{703}$), surgiram como bons preditores da concentração de clorofila no tempo e no espaço. Quando os modelos preditivos ao nível da copa destes dois índices, com os mesmos parâmetros gerados a partir dos dados Hyperion, foram aplicados a dados de outros anos para a previsão da clorofila, explicaram 71, 63 e 6% da variação da clorofila para o ICD e 61, 54 e 8% da variação da clorofila para o $Dmax_{(680-750)}/D_{703}$ em 2002, 2004 e 2008, respetivamente, com erros de previsão entre 11,7% e 14,6%. Os modelos de duas variáveis gerados com dados Hyperion de 2005 não foram tão robustos na previsão da concentração de clorofila de outros anos. Apenas dois dos cinco

melhores modelos conseguiram explicar mais de metade da variação da concentração de clorofila em 2004. Os modelos de uma e duas variáveis aplicados aos dados de clorofila de 2008 forneceram previsões fracas. A razão é o elevado grau de sobreposição da distribuição da concentração de clorofila entre as espécies. A presença de múltiplas espécies cria um gradiente na concentração de clorofila e este gradiente torna-o

possível prever a concentração de clorofila, bem como afetar o desempenho dos modelos de previsão gerados utilizando dados de um ano diferente. Os resultados sugerem que os modelos preditivos obtidos a partir de dados Hyperion são robustos na previsão da concentração de clorofila no mesmo local ao longo do tempo e dos sensores e também ao longo do espaço.

4.1. Introdução

As clorofilas são os pigmentos mais importantes. A quantidade de clorofila nas folhas das plantas influencia o potencial fotossintético e a produção primária (Demming-Adams e Adams, 1996). A clorofila também contém uma grande proporção do azoto total da folha, na sua estrutura molecular, perdendo apenas para a enzima fixadora de carbono ribulose-1,5-bis-fosfato carboxilase/oxigenase (Rubisco). A concentração de clorofila foliar diminui geralmente sob stress (Hendry et al., 1987; Gitelson e Merzlyak, 1996). Por conseguinte, a concentração de clorofila foliar é um indicador do estado da planta, incluindo os níveis de stress e o estado nutricional.

Dada a importância da clorofila foliar para o desenvolvimento e crescimento das plantas, a compreensão da sua variação espacial e temporal tem sido objeto de atenção. Embora existam técnicas de laboratório húmido para quantificar a clorofila, estas exigem muito tempo e trabalho e a extrapolação de um número limitado de amostras de folhas para o nível da copa é suscetível de introduzir imprecisões (Blackburn, 2007). Neste contexto, a teledeteção constitui uma alternativa mais fácil, mais barata e mais exacta para estimar a clorofila ao nível da copa das árvores. Os avanços na tecnologia de teledeteção, em particular a espetroscopia de imagem, tornaram viável a deteção remota da concentração de pigmentos. A base física para tal é a existência de caraterísticas de absorção dos pigmentos nos espectros de reflectância das folhas (Curran, 1989; Ustin, 2009). As clorofilas têm picos de absorção nas regiões azul e vermelha do espetro. O pico azul não é utilizado para estimar a clorofila porque se sobrepõe à absorção dos carotenóides e das xantofilas. As caraterísticas de absorção da clorofila centram-se nos comprimentos de onda vermelhos de 640 e 660 nm. A região da borda vermelha (680-750 nm), uma região de transição entre a baixa reflectância devida à absorção de clorofila no vermelho e a alta reflectância devida à estrutura celular no infravermelho próximo (NIR), também está altamente correlacionada com a clorofila (Horler et al., 1983; Curran et al., 1990; Filella e Peñuelas, 1994; Blackburn, 1999; Thomas et al., 2008). Uma vez que a espetroscopia de imagem fornece informações espectrais detalhadas ao captar a resposta espetral em numerosas bandas estreitas ao longo de um espetro eletromagnético contínuo, é sensível às caraterísticas de absorção específicas da clorofila.

Um método comum de aplicação de dados IS para estimar a clorofila é a utilização de índices espectrais calculados a partir de plataformas de espectrorradiómetro, aéreas e espaciais (Gitelson e Merzlyak, 1996; Datt, 1998; Sims e Gamon, 2002; Coops et al., 2003; Thomas et al. 2008; Wu et al., 2010). Uma revisão abrangente dos índices desenvolvidos antes de 2003 para prever a clorofila foi compilada por le Maire et al. (2004). A maioria dos índices utiliza rácios de bandas estreitas dentro das gamas espectrais que são sensíveis às clorofilas em relação às bandas que não são sensíveis à clorofila e/ou que estão relacionadas com outros controlos da reflectância. Esta abordagem resolve os problemas da sobreposição dos espectros de absorção de diferentes pigmentos, das interações na superfície da folha e da variação na estrutura da folha e da copa (Chappelle et al., 1992; Peñuelas et al., 1995).

A disponibilidade de dados de alta resolução espetral adquiridos a partir de plataformas aéreas tornou possível estimar a concentração de clorofila em copas de florestas (Curran et al., 1997; Zarco-Tejada et al., 2004; Asner e Martin, 2008; Thomas et al., 2008), culturas agrícolas (Wu et al., 2010) e um ecossistema mediterrânico (Stagakis et al., 2010). A caraterização da distribuição da clorofila na copa das árvores a várias escalas permite quantificar processos como a produção primária bruta (GPP) em ecossistemas agrícolas e florestais boreais (Gitelson et al., 2006; Wu et al., 2009; Zhang et al. 2009).

Um dos métodos estatísticos mais comuns utilizados na previsão da concentração de clorofila, tanto à escala da folha como da copa das árvores, tem sido a regressão (Filella e Peñuelas, 1994; Curran et al., 1997; Coops et al., 2003; Thomas et al., 2008; Stagakis et al., 2010; Wu et al., 2010). No entanto, uma das principais desvantagens desta abordagem empírica é o facto de estes modelos não fornecerem resultados precisos quando utilizados para outro local ou sensor, ou quando são aplicados no mesmo local ao longo do tempo (Curran, 1994; Gobron et al., 1997; Asner et al., 2003). Neste estudo, tentámos resolver este problema testando a eficácia dos modelos de previsão derivados de dados de deteção remota por satélite para prever a concentração de clorofila em povoamentos florestais boreais de madeira mista. Ao fazê-lo, tentámos 1) identificar índices espectrais que possam ser utilizados para prever a concentração de clorofila na copa das árvores ao longo dos anos, 2) testar a robustez dos modelos que utilizam estes índices para prever a concentração de clorofila na copa das árvores ao longo dos anos no mesmo local e 3) alargar a aplicabilidade destes modelos de previsão da concentração de clorofila na copa das árvores a uma localização geográfica e a um tempo diferentes.

4.2. Materiais e métodos

4.2.1. Locais de estudo

Esta investigação foi efectuada em dois locais: o Groundhog River Fluxnet Site (GRFS), situado a cerca de 80 km a sudoeste de Timmins, no Ontário, Canadá, e a zona de Sudbury, no Ontário, Canadá (Figura 4.1). O GRFS alberga uma das estações da Rede de Investigação Fluxnet-Canadá. É representativa de uma floresta boreal madura de madeira mista com uma mistura heterogénea de cinco espécies de árvores primárias: choupo tremedor (*Populus tremuloides* Michx.), bétula branca (*Betula papyrifera* Marsh.), o abeto branco (*Picea glauca* [Moench] Voss), o abeto negro (*Picea mariana* [Mill.] B.S.P.), o abeto *balsâmico* (*Abies balsamea* [L.] Mill.) e manchas distintas de cedro branco do norte (*Thuja occidentalis* [L.]). No sítio GRFS, foram estabelecidas 34 parcelas no raio de 1 km da pegada da torre de fluxo, utilizando um esquema de amostragem estratificado. Foram estabelecidas 11 parcelas que representavam povoamentos puros de quatro espécies de árvores boreais: pinheiro-bravo (*Pinus baksiana* Lamb.), abeto negro, choupo tremedor e bétula branca, a norte de Sudbury, localizada a cerca de 200 km a sul de Timmins, Ontário. Todas as parcelas eram circulares com 20 m de diâmetro.

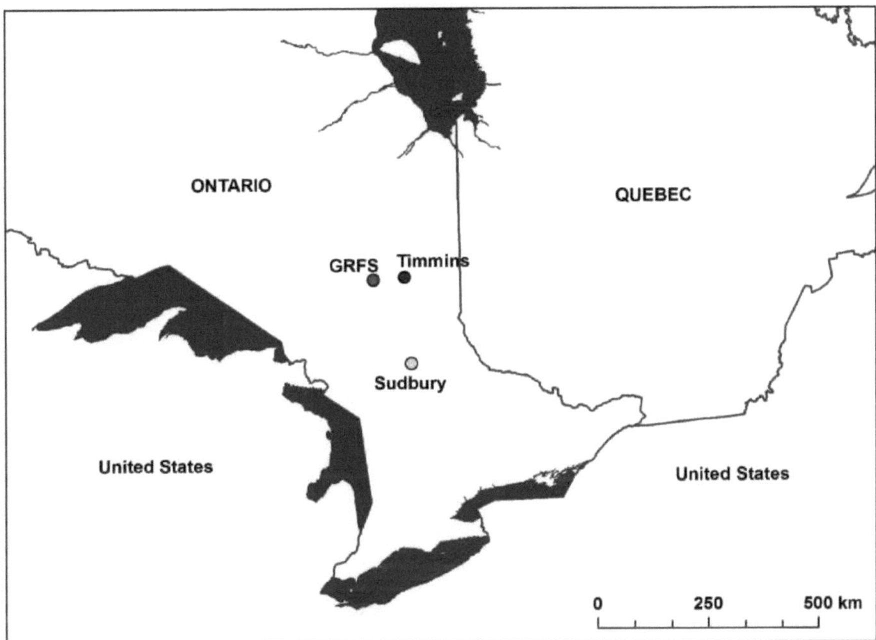

Figura 4.1. Localização do sítio da Groundhog River Fluxnet (GRFS) e Sudbury em Ontário, Canadá. As parcelas foram estabelecidas dentro da área de 1 km da torre de fluxo em GRFS e a norte de Sudbury.

4.2.2. Amostragem e análise bioquímica

A concentração de clorofila das folhas foi determinada utilizando amostras de folhas recolhidas de

cada um dos sítios de estudo. Na GRFS, foram recolhidas várias amostras de folhas por espingarda em julho de 2005

As amostras de clorofila foram recolhidas nas partes iluminadas pelo sol da copa de várias árvores de cada uma das seis espécies: no total, foram recolhidas 40 árvores para análise da clorofila. As árvores selecionadas estavam localizadas em parcelas com uma composição de espécies relativamente homogénea, com exceção do abeto branco, que foi amostrado numa parcela de espécies mistas porque o local não tinha manchas homogéneas de abeto branco (Figura 4.1). Foram utilizados os mesmos critérios para recolher amostras foliares adicionais em julho de 2008. O abeto balsâmico não foi amostrado em 2008 porque é uma espécie de sub-dossel neste sítio. As parcelas da área de Sudbury foram amostradas em julho de 2002 em povoamentos puros das quatro espécies boreais. Foram amostradas cinco árvores por espécie em cada parcela, resultando num total de 55 amostras. Em todos os casos, a folhagem foi congelada em arcas frigoríficas com gelo seco e as amostras permaneceram congeladas até a análise da clorofila ser efectuada no laboratório de bioquímica do Ontario Forest Research Institute (Sault Ste. Marie, Ontário), utilizando técnicas laboratoriais normalizadas e análises espectrofotométricas, tal como descrito por Wellburn (1994).

Concentração média de clorofila total $(\overline{chl})$ foi determinada para cada espécie. As médias das parcelas para a concentração de clorofila no dossel foram então calculadas da seguinte forma:

$$\overline{chl}_{plot} = \sum_{i=1}^{n} (\overline{chl}_i) f_i$$

Onde: i = espécie na parcela, $\overline{chl}_i =$ a concentração média de clorofila total para a espécie i, e $f_i =$ fração de biomassa da espécie i na parcela. Ao utilizar a fração de biomassa, em vez do número de caules de cada fração de espécie, eliminámos o enviesamento causado por muitos caules pequenos da sub-dossel na parcela. Isto é importante porque estamos mais interessados no dossel superior iluminado pelo sol. Para as parcelas GRFS, a biomassa das árvores foi calculada utilizando as equações alométricas desenvolvidas para as folhosas e resinosas de Ontário que incorporavam o diâmetro à altura do peito e a altura da árvore (Alemdag, 1983; 1984). A fração de biomassa para cada espécie em cada parcela foi determinada dividindo a biomassa total das espécies ao nível da parcela pela biomassa total da parcela. Uma vez que o

As parcelas da área de Sudbury estavam localizadas em povoamentos puros (ou seja, $f = 1$), foi utilizado o $\overline{chl}$. Para além disso,
Os dados de clorofila recolhidos no sítio GRFS em 2004 (Thomas et al., 2008) foram utilizados para identificar índices comuns para prever a clorofila ao longo dos anos e testar a robustez do modelo.

4.2.3. Dados de deteção remota

Foram recolhidos dados Hyperion no espaço em julho de 2002 (Sudbury) e 2005 (GRFS) para coincidir com a recolha de amostras foliares no terreno. O sensor Hyperion EO-1 recolhe dados na gama espetral de 400 a 2500 nm com resolução espetral de 10 nm e espacial de 30 m, respetivamente. Os dados do Hyperion têm um rácio sinal/ruído (SNR) inferior ao dos sensores aéreos; contêm pixels anormais, linhas caídas e destriping devido a detectores mal calibrados ou com mau funcionamento (Datt et al., 2003), pelo que requerem um pré-processamento mais minucioso. Em primeiro lugar, as bandas sem dados ou com SNR muito baixo foram removidas, resultando em 155 bandas. Em seguida, a reflectância da superfície foi obtida utilizando o programa Fast Line-of-Sight Atmospheric Analysis of Spectral Hypercubes (FLAASH), que utiliza um modelo de transferência radiativa para converter a radiância no topo da atmosfera em reflectância à superfície, pixel a pixel (ENVI, 2009). Após a correção atmosférica, foi utilizado o algoritmo de fração mínima de ruído (MNF) para reduzir o efeito do ruído. Este algoritmo separa o ruído do sinal através da estimativa do ruído nos dados. As bandas MNF resultantes foram divididas em duas partes: uma parte que consiste em grandes valores próprios e imagens espacialmente coerentes, que contêm dados, e uma segunda parte com valores próprios à volta de um, que são imagens dominadas pelo ruído. Ao utilizar apenas as bandas MNF com valores próprios elevados, o ruído é separado dos dados, melhorando assim os resultados do processamento espetral (Green et al. 1988; Boardman e Kruse, 1994). As bandas MNF com valores próprios elevados e imagens espacialmente coerentes podem então ser transformadas de novo no espaço de dados espectrais original, ou seja, na transformação MNF inversa, por vezes após filtragem adicional para reduzir o ruído nas bandas

MNF. Devido às diferenças na estrutura espacial das

devido à posição de destriping e ao facto de os dados Hyperion terem sido adquiridos por diferentes espectrómetros nas regiões do visível e infravermelho próximo (VNIR) e do infravermelho de ondas curtas (SWIR), aplicámos o algoritmo MNF separadamente às bandas VNIR e SWIR (Datt et al., 2003). As estimativas de ruído foram calculadas a partir de pixéis recolhidos sobre massas de água claras, espectralmente homogéneas, dispersas pela imagem. Foi efectuada uma transformação MNF inversa utilizando um total de 22 bandas MNF com base no exame dos valores próprios e da coerência espacial das bandas MNF resultantes. Estas 22 bandas foram depois filtradas pela mediana para reduzir o ruído antes da transformação e as bandas VNIR e SWIR foram combinadas posteriormente. As imagens Hyperion de 2002 e 2005 foram georrectificadas utilizando a imagem Landsat TM do ano correspondente como imagem de base, com erros totais de raiz quadrada média (RMSE) de aproximadamente 2 e 6,5 m, respetivamente. Em julho de 2008, foram adquiridos dados aéreos AVIRIS para a área GRFS. Os dados foram convertidos em reflectância de superfície e georrectificados no Centro de Investigação de Sistemas Complexos da Universidade de New Hampshire. A resolução espetral e espacial dos dados AVIRIS é de 10 nm e 17 m, respetivamente.

4.2.4. Geração de índices hiperespectrais

Os índices de banda estreita que são indicadores do verde e da clorofila foram calculados a partir da reflectância e da derivada da reflectância nos espectros do visível (400-700 nm), do vermelho (680-750 nm) e da gama inferior do infravermelho próximo (750-800 nm) das imagens Hyperion 2002, Hyperion 2005 e AVIRIS 2008. Um subconjunto destes índices é apresentado no Quadro 4.1. Os mesmos índices calculados a partir de dados IS aéreos para a previsão da clorofila em 2004 foram utilizados para identificar índices comuns a utilizar na previsão da clorofila ao longo dos anos e para testar a robustez dos modelos gerados a partir de dados de 2005. Ver Thomas et al. (2008) para uma descrição pormenorizada destes dados. No estudo atual, 34 parcelas (incluindo as parcelas extra utilizadas para validação por Thomas et al. 2008) em vez de 24 foram utilizados para a análise de regressão e não foram aplicadas transformações aos dados. A derivada da reflectância é equivalente ao declive da curva de reflectância num determinado comprimento de onda, o que reduz a variabilidade devida a alterações na iluminação ou na reflectância de fundo (isto é, rocha, solo, folhada) (Elvidge e Chen, 1995). Os valores do índice dos pixels que cobrem a área de cada parcela foram extraídos e foi calculado um valor médio do índice para cada parcela, para utilização como variáveis preditoras na análise de regressão linear múltipla.

Tabela 4.1. Um subconjunto dos índices espectrais utilizados para a previsão da clorofila. O nome do índice, a sua fórmula e a referência quando foi desenvolvido pela primeira vez são listados para cada índice.

Índice	**Fórmula**	**Referência**
Índice de ecologia	R554/R677	Smith et al., 1995
Absorção modificada de clorofila no índice de reflectância (MCARI)	[(R700-R670)-0.2*(R700-R550)*(R700/R670)]	Daughtry et al., 2000
Índice de vegetação de diferença normalizada modificada (MNDVI)	(R750-R705)/(R750+R705)	Gitelson e Merzlyak, 1996
Lichtenthaler 1st index	(R800-R680)/(R800+R680)	Lichtenthaler et al., 1996
Vogelmann 1° índice	R740/R720	Vogelmann et al., 1993
Índice de clorofila derivado (ICD)	D(705)/D(722)	Zarco-Tejada et al., 2002
derivada máxima da bordadura vermelha dividida pela derivada a 703 nm	Dmax(680-750))/D703	Zarco-Tejada et al., 1999
Ponto de inflexão da margem vermelha (REIP)	λ_P onde $D^2R/D^2\lambda = 0$	Dawson e Curran, 1998

R = reflectância.
D = magnitude da primeira derivada.
D^2 = magnitude da segunda derivada.
λ = comprimento de onda.

4.2.5. Análises estatísticas, desenvolvimento de modelos e testes de robustez de modelos e índices

Examinámos a variação temporal na concentração média de clorofila foliar de todas as espécies para um determinado local e na concentração de clorofila foliar para cada espécie. Além disso, quisemos observar a variação da concentração de clorofila foliar entre as espécies num determinado ano. Esta variação temporal pode ser analisada através da Análise de Variância

(ANOVA), que pressupõe uma distribuição normal dos termos de erro, ou seja, dos resíduos. O teste de Shapiro-Wilk foi utilizado para verificar a distribuição normal dos resíduos (Shapiro e Wilk, 1965). Foi efectuada uma versão não paramétrica da ANOVA, o teste de Kruskal-Wallis, quando os resíduos não tinham uma distribuição normal, como no caso da importância do tempo na concentração média de clorofila foliar. Quando o tempo foi significativo, as diferenças na concentração média de clorofila foliar entre os anos foram testadas usando o teste de comparação múltipla Steel-Dwass, que é a versão não paramétrica do teste de comparação de médias de Tukey. Para examinar a variação temporal da concentração de clorofila foliar para cada espécie, os dados foram agrupados por espécie e ano e foi efectuada uma ANOVA para determinar o efeito do tempo na concentração de clorofila foliar do choupo tremedor, da bétula branca e do abeto negro, que foram amostrados nos três anos. Uma vez que os resíduos não se distribuíam normalmente no caso do abeto negro, foram utilizados os métodos não paramétricos acima descritos. Dado que só foram objeto de amostragem durante dois anos, as médias do abeto branco e do cedro branco do Norte foram comparadas através de testes t. Finalmente, a variação da concentração de clorofila foliar entre as espécies num determinado ano foi analisada por ANOVA e testes de comparação de médias de Tukey ou pelas suas versões não paramétricas.

Os índices calculados a partir dos dados de deteção remota Hyperion de 2005 foram utilizados como variáveis preditoras para gerar modelos de concentração de clorofila em 2005 na análise de regressão múltipla. Utilizámos o método dos melhores subconjuntos, que compara todos os modelos possíveis com um número predefinido de variáveis preditoras (Hudak et al., 2006). Foi permitido um máximo de duas variáveis nos modelos para evitar o sobreajuste. As variáveis foram mantidas no modelo com base no fator de inflação da variância (VIF). Geralmente, um valor de VIF igual ou superior a 10 tem sido proposto como um indicador de multicolinearidade grave (Kutner et al., 2004). Para sermos mais conservadores nas nossas análises, o nosso limiar foi um valor máximo de VIF de 5. O poder explicativo do modelo foi expresso pelo coeficiente de determinação, R^2 , e pelo coeficiente de determinação ajustado, R^2_{adj}, que explica a melhoria do poder explicativo do modelo à medida que são acrescentadas novas variáveis. Os resíduos foram testados quanto à normalidade (Shapiro e Wilk, 1965). A exatidão do modelo foi apresentada como percentagem da média, % RMSE. Os modelos foram validados utilizando o método de validação cruzada leave-one-out. Neste método, os resíduos são calculados deixando sucessivamente uma parcela fora da análise e os resultados são obtidos através da Soma de Quadrados Residuais Prevista (PRESS) RMSE e PRESS r^2 . Valores baixos de PRESS RMSE e valores elevados de PRESS r^2 sugerem modelos mais robustos. A significância das variáveis do modelo e do próprio modelo foi determinada com base no valor p ($p<0,05$).

A regressão múltipla com os mesmos critérios definidos acima foi também efectuada nos dados de 2002 e 2008 para encontrar índices comuns de previsão da clorofila que explicassem 50% ou mais da variação na concentração de clorofila. O objetivo era identificar os índices que são robustos na previsão da concentração de clorofila no tempo e no espaço. Além disso, os cinco modelos preditivos de duas variáveis gerados a partir dos dados de 2005 que previam com maior exatidão a concentração de clorofila foram incluídos na análise.

A robustez dos modelos que continham um índice capaz de explicar 50% ou mais da variação da concentração de clorofila em 2002 e 2005 e os cinco melhores modelos de duas variáveis gerados a partir dos dados de 2005 foram testados de duas formas: (1) os modelos gerados a partir de 2005 foram aplicados aos dados de teledeteção de 2002, 2004 e 2008 para prever a concentração de clorofila desse ano e (2) os modelos de uma e duas variáveis foram recalibrados com base nos dados de cada ano e depois avaliados quanto à sua capacidade de prever a concentração de clorofila para cada ano.

4.3. Resultados

A concentração de clorofila variou significativamente entre as espécies num determinado ano, bem como entre anos (Quadro 4.2). Em 2002, as diferenças na concentração de clorofila entre o pinheiro-manso e as espécies caducifólias não foram significativas, mas o abeto negro apresentou uma concentração de clorofila inferior à das outras três espécies. Em 2005, as espécies caducifólias apresentaram uma concentração de clorofila significativamente superior à das espécies coníferas. Entre as espécies de coníferas, o abeto negro apresentou a menor concentração de clorofila, seguido do cedro branco do norte. Em 2008, a sobreposição da concentração de clorofila entre espécies aumentou. Por exemplo, a concentração de clorofila do abeto negro não diferiu significativamente da das outras espécies. A concentração de clorofila do cedro branco do Norte foi significativamente mais baixa do que a do abeto branco e do choupo tremedor. Ao contrário dos outros dois anos, em 2008 o cedro teve a concentração de clorofila mais baixa e a bétula branca teve menos clorofila do que o abeto branco e o abeto negro (a diferença entre a bétula branca e o abeto branco foi significativa). Estes resultados indicam que a concentração de clorofila é muito variável entre espécies e de ano para ano.

Quadro 4.2. Concentrações médias de clorofila foliar (^g/cm^2) de cada espécie e de todas as árvores. Os valores são apresentados como média ± desvio padrão, seguidos do número de árvores amostradas para a análise de uma determinada espécie, entre parênteses. O tamanho da amostra é igual a 5 para todas as outras espécies. As letras maiúsculas denotam diferenças significativas na concentração média de clorofila foliar para um determinado local (a primeira linha) e para cada espécie entre anos e as letras minúsculas denotam diferenças significativas na concentração de clorofila entre espécies dentro de cada ano a $p < 0,05$, respetivamente.

	2002(Sudbury)	2005 (GRFS)	2008 (GRFS)
Todas as árvores	36,8 ± 12,3A (n=85)	30.5 ± 10.9B (n=40)	36,8 ± 9,3A (n=50)
Populus tremuloides	44 ± 9,1aA (n=15)	45,9 ± 3,9aA	42,1 ± 7,3abcA (n=10)
Betula papyrifera	40,9 ± 8,9aAB (n=10)	45,4 ± 5,3aA	33,4 ± 5,3adB (n=10)
Picea glauca		30,2 ± 2,6bcA (n=7)	41,9 ± 6,8bB (n=10)
Picea mariana	25,6 ± 7,8bA (n=20)	19,4 ± 4,5dB (n=13)	35,4 ± 11,5abcdC (n=15)
Thuja occidentalis		25,8 ± 1,6cA	27,2 ± 4,3dA
Abies balsamea		34.4 ± 3.4b	

Pinus banksiana	38,6 ± 12,6a (n=40)		

A variação temporal na concentração de clorofila dentro das espécies foi elevada tanto para as espécies caducifólias como para as coníferas. Por exemplo, a concentração de clorofila do choupo tremedor e do cedro não variou significativamente entre anos, ao passo que a concentração de clorofila do abeto negro variou. No mesmo sítio, a concentração de clorofila da bétula branca foi significativamente mais baixa em 2008 do que em 2005. Por outro lado, a concentração de clorofila do abeto branco foi significativamente mais elevada em 2008 do que em 2005, também no mesmo sítio. A concentração média de clorofila de todas as árvores amostradas foi idêntica em 2002 e 2008, mas significativamente inferior em 2005 (Quadro 4.2).

Os índices que conseguiram prever a clorofila com um valor r^2 de 0,5 ou superior para cada ano, com exceção de 2008, são apresentados na Tabela 4.3. O poder explicativo dos modelos foi muito baixo para os dados de 2008, com o r^2 mais elevado a ser 0,11 para modelos de variável única. Houve dois índices que surgiram como bons preditores da concentração de clorofila para conjuntos de dados de clorofila temporalmente e espacialmente diferentes. Estes foram os índices DCI e $Dmax_{(680-750))/D703}$. Estes dois índices explicaram 71, 64, 66 e 61, 61, e 62 % da variação da concentração de clorofila em 2002, 2004 e 2005, respetivamente (Quadro 4.3). Quando estes modelos de previsão derivados dos dados de 2005 foram utilizados para prever a concentração de clorofila em todos os outros anos, ambos os modelos continuaram a explicar mais de metade da variação da concentração de clorofila, exceto em 2008. O modelo com o ICD teve um melhor desempenho do que o índice $Dmax_{(680-750))/D703}$, que explicou 71 e 63 % da variação, em comparação com 61 e 54 % para os dados de clorofila de 2002 e 2004, respetivamente. Os erros de previsão variaram entre 11,7% para 2002 com o modelo DCI e 14,6% com o modelo $Dmax_{(680-750))/D703}$ para 2004 (Figura 4.2). As parcelas mostram uma separação quando agrupadas pelas suas espécies dominantes. Em 2002, as parcelas dominadas pelo choupo e pelo pinheiro-manso representaram os valores mais elevados e as parcelas dominadas pelo abeto negro representaram os valores mais baixos, com o pinheiro-manso e algumas parcelas dominadas pelo choupo-manso a constituírem os valores intermédios da concentração de clorofila. As parcelas dominadas por choupo tremedor e as parcelas mistas de folha caduca representaram os valores mais elevados e as parcelas dominadas por abeto negro e as parcelas mistas de resinosas constituíram os valores mais baixos de concentração de clorofila em 2004. Para 2008, não se observa o mesmo grau de separação entre espécies observado em 2002 e 2004. Existe uma maior separação com o modelo de índice $Dmax_{(680-750))/D703}$ em comparação com o modelo de índice DCI para os valores de concentração de clorofila previstos pelo modelo, mas, em geral, a separação é menor em comparação com 2002 e 2004 (Figura 4.2).

Tabela 4.3. O desempenho do DCI e do $Dmax_{(680-750))/D703}$ na previsão da concentração de clorofila. PRESS RMSE e PRESS r^2 representam o erro de validação cruzada leave-one-out e o coeficiente de determinação, respetivamente. * implica que os resíduos não cumprem o pressuposto da distribuição normal.

	índice	r^2	R ajustado^2	IMPRENSA RMSE (%)	IMPRENSA r^2	Resíduos Shapiro W e p	
2002	ICD	0.71	0.68	12.6	0.59	0.93,	0.38
	$Dmax_{(680-750))/D703}$	0.61	0.56	15.1	0.42	0.88,	0.10
2004	ICD	0.64	0.63	13.4	0.59	0.97,	0.42
	$Dmax_{(680-750))/D703}$	0.61	0.56	6.7	0.49	0.97,	0.45
2005	ICD	0.66	0.65	6.5	0.63	0.96,	0.31
	$Dmax_{(680-750))/D703}$	0.62	0.61	16.2	0.58	0.98,	0.88
2008	ICD	0.03	<-0.01	7.9	-0.09	0.88,	<0.05*
	$Dmax_{(680-750))/D703}$	0.11	0.08	12.2	0.01	0.86,	<0.05*

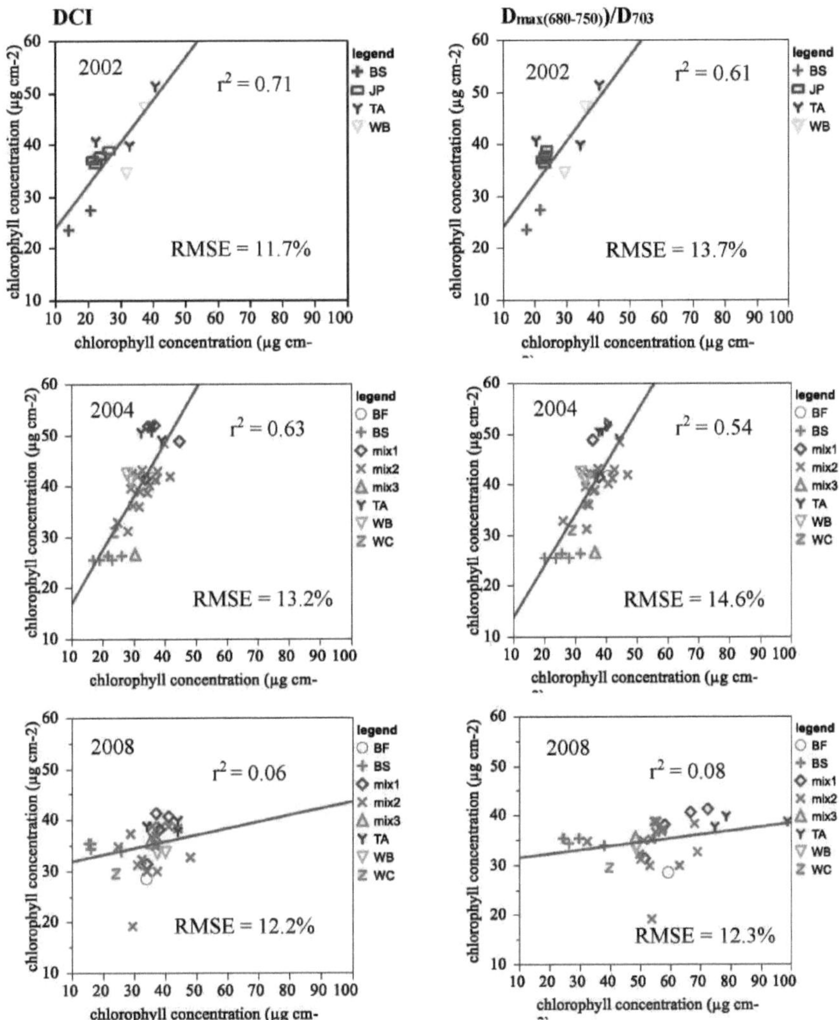

Figura 4.2. Concentração de clorofila observada versus prevista pelo modelo utilizando os índices DCI e Dmax$_{(680\text{-}750))/D703}$ com os mesmos parâmetros de modelo gerados a partir de dados de 2005 (-8,2+28,1*(DCI) & -27,3+39* (Dmax$_{(680\text{-}750))/D703}$). Os gráficos de cima mostram as previsões do modelo de 2005 para 2002, os do meio para 2004 e os de baixo para a concentração de clorofila de 2008, respetivamente. Os RMSEs de previsão são apresentados como percentagem da média da concentração de clorofila.

BF=abeto, BS=abeto negro, JP=pinho, mix1=decídua mista, mix2=decídua mista e conífera, mix3=conífera mista, TA=choupo, WB=bétula branca, WC=cedro branco.

Os cinco modelos de duas variáveis gerados a partir de dados de 2005 que previram com maior exatidão a concentração de clorofila são apresentados na Tabela 4.4. Alguns dos índices selecionados foram MCARI, Lic 1, Vog 1, $MaxR_{(700-770)}$. O modelo de topo tinha valores VIF muito elevados, mas foi retido para avaliar a sua precisão de desempenho na previsão da concentração de clorofila de outros anos de amostragem. Os outros quatro modelos explicaram 70% da variação na concentração de clorofila, com PRESS RMSEs variando de 14,3 a 14,8%. Quando o modelo de topo foi recalibrado com base nos dados de 2002, o VIF manteve-se elevado. Nenhuma das variáveis foi significativa no segundo modelo com os índices TCARI/OSAVI e $MaxR_{(700-770)}$. O terceiro modelo teve um R^2 de 0,55, mas o PRESS r^2 foi de 0,02, o que sugere que se trata de um modelo fraco. O quarto e o quinto modelos também não foram robustos, pois apresentaram 23,7 e 31,2% de PRESS RMSE e valores negativos de PRESS r^2 , como resultado de valores de PRESS maiores do que a soma total de quadrados do modelo. O primeiro modelo teve um bom desempenho, explicando 71% da variância da concentração de clorofila com 13,4% PRESS RMSE e não apresentou VIF elevado quando foram utilizados dados de 2004. Os outros quatro modelos tinham, cada um, uma variável insignificante. Nenhum dos modelos de duas variáveis previu adequadamente a concentração de clorofila de 2008 quando recalibrados. Nenhuma das variáveis era significativa no modelo para os três primeiros melhores modelos. O quarto e quinto modelos explicaram apenas 5 e 15% da variação na concentração de clorofila em 2008.

Tabela 4.4. As estatísticas associadas aos cinco melhores modelos de duas variáveis gerados a partir de dados de 2005. PRESS RMSE e PRESS r^2 representam o erro de validação cruzada leave-one-out e o coeficiente de determinação, respetivamente.

Índices no modelo	**R2**	**Ajustado R^2**	**PRESS RMSE (%)**	**IMPRENSA r^2**	**Resíduos Shapiro W e p**
MNDVI, Lic 1	0.75	0.73	13.3	0.72	0.96, 0.23
TCARI/OSAVI, $MaxR_{(700-770)}$	0.73	0.71	14.6	0.66	0.98, 0.68
MCARI, $MaxR_{(700-770)}$	0.72	0.70	14.8	0.65	0.98, 0.79
Lic 1, Vog 1	0.72	0.70	14.3	0.67	0.99, 0.98
ZTM, Lic 1	0.72	0.70	14.5	0.66	0.98, 0.85

Quando os modelos gerados a partir dos dados de 2005 foram testados para prever os dados de clorofila dos outros anos com os mesmos parâmetros, não foram tão robustos como os modelos de variável única para prever a concentração de clorofila (Tabela 4.5). Tal como acontece com os modelos de variável única, os modelos de duas variáveis também tiveram um desempenho muito fraco na previsão dos dados de clorofila de 2008. A maior quantidade de variância explicada na clorofila para 2008 foi de 15% com o modelo ZTM e Lic 1. Os modelos foram mais exactos para os dados de 2004. O primeiro modelo previu a concentração de clorofila de 2004 com 10,8% de RMSE e explicou 75% da variação. O segundo e o terceiro modelos tiveram um desempenho muito fraco com valores de r^2 de 0,03. O quarto e o quinto modelos explicaram 51 e 42% da variação da concentração de clorofila com RMSEs de 15,1 e 16,5%, respetivamente. Nenhum dos modelos conseguiu explicar mais de metade da variação da concentração de clorofila em 2002. O melhor modelo, que incluía MCARI e $MaxR_{(700-770)}$, explicou 35% da variação da concentração de clorofila com um RMSE de 17,6% (Tabela 4.5).

Tabela 4.5. As previsões da concentração de clorofila de 2002, 2004 e 2008 pelos melhores modelos de duas variáveis com os mesmos parâmetros de modelo gerados a partir de dados de 2005. Para cada modelo e ano, r^2 , r ajustado^2 e o RMSE (indicado como percentagem da média da concentração de clorofila) são listados pela mesma ordem, respetivamente.

	2002	**2004**	**2008**
MNDVI, Lic 1	0.10, <-0.01, 20.7	0.75, 0.74, 10.8	0.06, 0.03, 12.3
TCARI/OSAVI, $MaxR_{(700-770)}$	0.33, 0.25, 17.9	0.03, <-0.01, 21.2	0.02, -0.01, 12.5
MCARI, $MaxR_{(700-770)}$	0.35, 0.27, 17.6	0.03, <-0.01, 21.3	0.03, <-0.01, 12.5
Lic 1, Vog 1	0.23, 0.14, 19.1	0.51, 0.49, 15.1	0.12, 0.09, 11.9
ZTM, Lic 1	0.19, 0.10, 19.6	0.42, 0.38, 16.5	0.15, 0.12, 11.7

4.4. Discussão

4.4.1. Variação da concentração de clorofila

A concentração de clorofila variou entre anos para o abeto e a bétula de papel e entre espécies num determinado ano. Esta variação pode dever-se a factores ambientais como o stress ou a regulação interna. A variação na concentração de clorofila entre espécies para um determinado ano afecta diretamente a viabilidade de gerar modelos de previsão precisos para a clorofila. Quando a variação da concentração de clorofila das espécies num determinado ano é significativa, é possível obter modelos de previsão mais precisos. Uma variação reduzida da variação da clorofila entre as espécies dificulta a criação de modelos de previsão exactos. Este facto é melhor demonstrado com os dados de 2008, para os quais existe uma grande sobreposição entre as concentrações de clorofila das espécies. Como resultado, nenhum dos modelos preditivos explicou mais de 24% da variação na concentração de clorofila, apesar da maior resolução espacial e do SNR mais elevado dos dados AVIRIS em comparação com o Hyperion. Além disso, os modelos gerados com dados de 2004 não puderam ser utilizados para prever com exatidão a concentração de clorofila em 2008. A variação aparentemente aleatória da concentração de clorofila entre espécies e anos dificulta o objetivo de avaliar continuamente o estado dos povoamentos de madeira mista boreal e o estado nutricional através de deteção remota utilizando os nossos métodos. O gradiente criado pela presença de múltiplas espécies torna possível prever a concentração de clorofila nos sítios GRFS e Sudbury, tanto com modelos gerados a partir dos dados de cada ano como utilizando o modelo gerado a partir dos dados de 2005.

4.4.2. Modelos preditivos

A existência de índices que podem prever a clorofila no tempo e no espaço é muito encorajadora. Embora originalmente concebidos para utilização ao nível da folha, a aplicação bem sucedida dos índices DCI e Dmax(680-750))/D703 para prever a concentração de clorofila à escala da copa é uma prova da sua robustez. Estes índices também foram utilizados com êxito para estimar a clorofila ao nível da folha e da copa do ácer (*Acer saccharum* Marsh.) utilizando modelos de transferência radiativa em Ontário, Canadá (Zarco-Tejada et al., 2001; 2002). Estes dois índices foram úteis para prever a concentração de clorofila em diferentes períodos de crescimento dentro do mesmo sítio e num sítio diferente composto por povoamentos puros de choupo tremedor, bétula branca, abeto negro e pinheiro manso. Os níveis de exatidão foram semelhantes aos das previsões GRFS. Nestes anos, foram recolhidos dados de deteção remota em plataformas aéreas e espaciais. Mais importante ainda, os modelos com estes dois índices calibrados com base em dados de teledeteção por satélite de 2005 têm um desempenho tão bom como os modelos calibrados com base nos dados de clorofila e teledeteção de cada ano para o GRFS e para um sítio diferente, o sítio de Sudbury, para 2002. Estes resultados indicam que é viável um modelo de previsão universal para a clorofila que possa ser aplicado à floresta boreal de madeira mista. Se este fosse desenvolvido, a clorofila poderia ser prevista para locais onde apenas existem dados de deteção remota, ou seja, não existem medições no terreno. No entanto, uma vez desenvolvido, o modelo teria de ser testado em florestas boreais mistas, espacial e estruturalmente variadas. Se os resultados dos testes forem prometedores, os estudos futuros poderão ser concebidos de modo a abranger vários tipos de florestas boreais na América do Norte e na Eurásia.

A quantidade de variação na concentração de clorofila explicada e a exatidão da previsão dos modelos não melhoraram muito quando foram examinados os cinco melhores modelos de duas variáveis. É interessante notar que nenhum dos índices selecionados para os modelos de variável única ao longo dos anos foi selecionado para os modelos de duas variáveis. Com exceção do modelo de topo que prevê a concentração de clorofila de 2004, os modelos de duas variáveis não foram tão robustos como os modelos com índices únicos para prever a clorofila quando utilizados com os parâmetros gerados a partir dos dados de 2005. O modelo de topo previu a concentração de clorofila de 2004 com melhor exatidão do que a de 2005. No entanto, este modelo também tinha um VIF elevado para os dados de 2005 e foi mantido apenas para verificar o seu desempenho na previsão da concentração de clorofila de outros anos.

4.5. Conclusões

Neste estudo, testámos índices de previsão da concentração de clorofila ao longo dos anos para um único local e entre locais, bem como a robustez dos modelos que poderiam ser utilizados para prever a concentração de clorofila. Dois índices calculados a partir da derivada da reflectância no bordo vermelho (DCI = $D705/D722$ e $Dmax_{(680-750)})/D703$) surgiram como preditores robustos da clorofila ao longo dos anos e no espaço. Os modelos de variável única foram mais robustos do que os modelos de duas variáveis para prever a concentração de clorofila. A presença de múltiplas espécies cria um gradiente na concentração de clorofila e este gradiente torna possível prever a concentração de clorofila, além de afetar o desempenho dos modelos preditivos gerados utilizando dados de um ano diferente. Os nossos resultados sugerem que pode ser possível desenvolver um modelo preditivo universal para a concentração de clorofila que possa ser aplicado em todo o tipo de floresta boreal mista, mas é necessário mais trabalho para garantir que podem ser obtidos resultados semelhantes em tipos de floresta mista espacial e estruturalmente diferentes.

4.6. Agradecimentos

A ajuda de Lesley Rich, Denzil Irving, Maara Packalen, Bob Oliver, David Atkinson, Björn Prenzel, Chris Hopkinson, Laura Chasmer, Brock McLeod, Lauren MacLean e Adam Thompson no terreno é muito apreciada. Agradecemos também a Al Cameron e Lincoln Rowlinson pela criação de um trilho de linha de cruzeiro e pela assistência no local na identificação de espécies de árvores e a Garry Koteles pela partilha de informações sobre espécies de árvores e sub-bosque e pela realização de medições no terreno para as parcelas de validação do Inventário Florestal Nacional (NFI). O Ontario Forest Research Institute (OFRI) forneceu conhecimentos técnicos para a amostragem de folhas, processamento e instalações laboratoriais para a análise de macronutrientes. A assistência financeira para este trabalho foi fornecida pelo Departamento de Recursos Florestais e Conservação Ambiental na Virginia Tech, uma Bolsa de Fórmula McIntire-Stennis do USDA, a Queen's University, o Conselho de Investigação em Ciências Naturais e Engenharia do Canadá (NSERC) e o Programa Canadiano de Carbono (anteriormente a Rede de Investigação Fluxnet-Canadá) através de financiamento do NSERC, BIOCAP Canada e a Fundação Canadiana para as Ciências Climáticas e Atmosféricas (CFCAS).

Conclusões

Resumo e conclusões

Os resultados deste estudo mostraram que os dados espaciais de IS (Hyperion) podem ser utilizados para prever 1) o rácio N:P, que é um indicador da limitação de nutrientes, 2) macronutrientes incluindo N, P, K, Mg, e 3) clorofila na copa de uma floresta boreal de madeira mista. A capacidade de modelar o rácio N:P e os macronutrientes utilizando dados Hyperion transportados pelo espaço demonstra o potencial para os mapear à escala da copa das árvores em áreas geográficas maiores e com custos mais baixos. Estes mapas seriam úteis para compreender a fisiologia florestal, o estado nutricional e a saúde. Podem também ser utilizados para estimar os processos do ecossistema, como o GPP, ou como camadas de entrada para aumentar a exatidão dos modelos de processos do ecossistema, como o PnET. Além disso, os dados LiDAR forneceram a única estimativa exacta de outro macronutriente, o Ca, e previsões mais aperfeiçoadas de K e Mg neste ambiente de floresta boreal. A relação entre os dados LiDAR e a concentração de macronutrientes é feita através de relações com a estrutura da copa, especificamente a altura da copa e o fecho da copa que, por sua vez, estão correlacionados com os macronutrientes.

Apresentam-se seguidamente conclusões mais pormenorizadas específicas a cada objetivo:

Objetivo 1: estimar a relação N:P da copa das árvores utilizando dados IS aéreos e espaciais, analisar os efeitos da variação da resolução temporal e espacial na precisão da previsão da relação N:P da copa das árvores e investigar se os dados LiDAR têm algum poder explicativo para a estimativa da relação N:P da copa das árvores.

Os índices de banda estreita calculados a partir de dados IS aéreos e espaciais explicaram uma quantidade muito semelhante de variação no rácio N:P da copa das árvores. O índice originalmente selecionado a partir de dados IS aéreos era temporal e espacialmente mais robusto. Embora os modelos LiDAR não tenham fornecido um melhor poder explicativo ou precisão de previsão para prever o rácio N:P da copa das árvores em relação aos dados IS, fornecem informações sobre as relações da estrutura com o crescimento e a produtividade no local. A relação N:P é uma medida da limitação de nutrientes da produção de biomassa e, por conseguinte, está diretamente relacionada com o crescimento e a produtividade. A variação no crescimento, manifestada pela variação na altura, está a ser captada pelas métricas LiDAR. Os resultados sugerem que o rácio N:P da copa pode ser previsto por dados de deteção remota com base na relação entre o rácio N:P da copa e o fecho da copa neste local. A presença de múltiplas espécies cria um gradiente no fechamento da copa e, portanto, torna viável a previsão da relação N:P usando sensoriamento remoto. A variação na resolução espacial resultou em diferenças significativas na previsão da relação N:P e a variação temporal afecta os resultados da previsão com base no grau de gradiente e na variação presente nos dados da relação N:P de uma determinada estação. Estes resultados são encorajadores, uma vez que mostram que a modelação espacialmente explícita da relação N:P da copa das árvores é possível através da deteção remota, o que pode constituir uma ferramenta de diagnóstico para avaliar a limitação de nutrientes.

Objetivo 2: avaliar a utilidade dos dados IS espaciais para estimar as concentrações de macronutrientes (N, P, K, Ca e Mg) na copa das árvores numa floresta boreal de madeira mista; e testar a contribuição potencial da informação estrutural da copa das árvores derivada dos dados LiDAR para melhorar os modelos de previsão destes macronutrientes.

Os dados Hyperion transmitidos pelo espaço podem explicar a variação de 64 a 75% da variação das concentrações de N, P, K e Mg. Os dados LiDAR melhoraram a previsão de K e Mg em relação apenas aos dados Hyperion e o Ca só pôde ser previsto com exatidão pelos dados LiDAR. O Ca é um elemento que requer dados sobre a estrutura da copa das árvores para uma previsão exacta neste local de estudo. Por outro lado, o P pôde ser previsto com maior exatidão pelos dados do Hyperion. Finalmente, a capacidade de previsão do K foi melhorada quando os dados IS e LiDAR foram combinados. A presença de múltiplas espécies no local está a conduzir as relações entre os dados LiDAR e as concentrações de macronutrientes, criando um gradiente.

Objetivo 3: identificar os índices espectrais que podem prever a concentração de clorofila na copa das árvores ao longo dos anos, testar a robustez dos modelos com estes índices derivados de dados IS espaciais para prever a concentração de clorofila na copa das árvores ao longo dos anos no mesmo local e alargar estes modelos de previsão da concentração de clorofila na copa das árvores a uma localização geográfica e a um tempo diferentes.

Dois índices calculados a partir da derivada da reflectância na orla vermelha (DCI = D_{705}/D_{722} e $Dmax_{(680\text{-}750)})/D_{703}$) surgiram como preditores robustos da clorofila ao longo dos anos e do espaço. Estes dois índices explicaram 63 e 54, e 71 e 61% da variância na concentração de clorofila quando aplicados para a previsão da clorofila ao longo do tempo, espaço e sensores. Os modelos de duas variáveis não foram tão robustos na previsão da clorofila como os modelos de uma única variável. A presença de várias espécies cria um gradiente na concentração de clorofila e este gradiente permite prever a concentração de clorofila, além de afetar o desempenho dos modelos de previsão gerados com dados de um ano diferente. Os resultados sugerem que existe a possibilidade de um modelo preditivo universal para a clorofila que poderia ser aplicado em todo o tipo de floresta boreal mista se for possível obter resultados semelhantes em tipos de floresta boreal mista espacial e estruturalmente diferentes.

Estas conclusões sugerem que os dados LiDAR não contribuem significativamente para a previsão de macronutrientes ou da relação N:P, com exceção do Ca, nesta floresta boreal de madeira mista. Consequentemente, não seria o tipo de dados de deteção remota ideal para a previsão de macronutrientes, uma vez que a aquisição de dados LiDAR aerotransportados ainda é bastante dispendiosa. Os dados IS espaciais tiveram um bom desempenho na previsão do rácio N:P e dos macronutrientes. O poder explicativo dos modelos de previsão obtidos a partir de dados IS aéreos e espaciais foi muito semelhante. Os modelos gerados a partir de dados espaciais num local também têm um bom desempenho num local diferente de floresta boreal mista, desde que exista um gradiente na bioquímica foliar. A variação interespecífica na concentração bioquímica foliar num determinado ano e a forma como esta varia de ano para ano têm um impacto direto na capacidade de gerar modelos preditivos, independentemente do tipo de dados IS, ou seja, aéreos ou espaciais. Este facto está relacionado com a abordagem estatística utilizada no estudo, ou seja, a regressão, através da qual os modelos são gerados com base na variação e no gradiente da variável de resposta. Devido ao grau de variabilidade interespecífica ao longo do tempo, não foi possível gerar modelos preditivos todos os anos no mesmo sítio. Neste contexto, as abordagens baseadas em processos que descrevem a interação das folhas e dos dosséis com a luz podem ser mais adequadas para ultrapassar estes problemas, apesar da sua complexidade em comparação com os métodos empíricos. Os mapas de concentração de macronutrientes no dossel fornecem informações espacialmente contínuas e de alta resolução espacial sobre o estado nutricional e fisiológico desta floresta, que não podem ser obtidas a partir de um mapa de espécies. Além disso, a distribuição espacial da concentração de macronutrientes tende a ser paralela à distribuição das espécies neste local, onde as áreas dominadas pelas espécies de folha caduca têm concentrações mais elevadas de macronutrientes e as áreas dominadas pelas espécies de coníferas têm concentrações mais baixas. Este facto dá origem à possibilidade de mapeamento de espécies com base em dados bioquímicos foliares se existir separação entre espécies de árvores quando são utilizados dois ou mais macronutrientes (Figura 5.1). No entanto, esta separação de espécies pode não ser possível noutros ecossistemas florestais, como a floresta temperada, que tem uma elevada diversidade de espécies, ao contrário da floresta boreal.

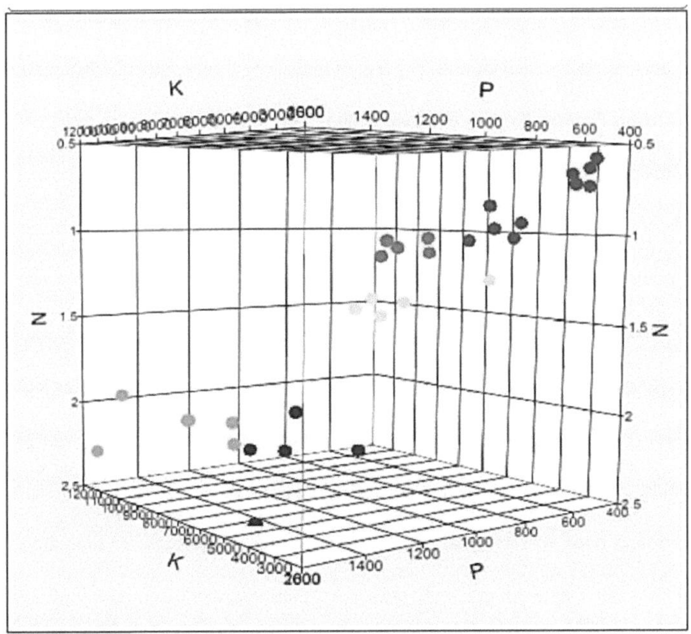

Figura 1. Gráfico de dispersão de amostras foliares de N, P e K das seis espécies encontradas na GRFS (codificadas por cores) no espaço 3-D.

Limitações e direcções futuras

O estudo tem um âmbito reduzido. Foi realizado na pegada de uma torre de fluxo com 1 km de raio, cobrindo uma área de aproximadamente 314 hectares (com exceção do Capítulo 4, que inclui uma área de estudo perto de Sudbury, Ontário). É representativo de um tipo de floresta boreal, a floresta de madeira mista. Por conseguinte, não podem ser feitas generalizações a outros tipos de florestas boreais. O método utilizado na análise, ou seja, a regressão linear simples e múltipla, é empírico e sofre das deficiências comuns identificadas nos modelos empíricos, como a necessidade de recalibração com os dados quando aplicados num momento diferente ou num local diferente. Além disso, a correlação não implica causalidade, pelo que o analista tem de se certificar previamente de que os factores de previsão utilizados na análise têm uma relação causal com a variável de resposta. O sucesso da geração de um modelo preditivo depende profundamente da presença de um gradiente na concentração do bioquímico que está a ser estimado. Se houver sobreposição entre espécies, não é possível gerar modelos preditivos, independentemente da qualidade dos dados de deteção remota. A variação temporal é outro impedimento para a geração de modelos preditivos. Um modelo obtido a partir de dados de satélite de baixa SNR que seja robusto na previsão da clorofila para um local diferente num momento diferente não tem um bom desempenho noutro momento, mesmo que a fonte de dados de deteção remota seja aérea com uma SNR mais elevada, porque existe demasiada sobreposição entre espécies na concentração de clorofila nesse ano específico, o que foi o caso da distribuição da concentração de clorofila na GRFS em 2008. A GRFS é um sítio de floresta mista, com espécies de coníferas e caducifólias ocorrendo juntas, criando assim o gradiente necessário para gerar modelos. A previsão em sítios com espécies únicas pode apresentar dificuldades devido à baixa variação na bioquímica de interesse, a menos que exista um gradiente devido a algum tratamento, como a fertilização. Embora os dados do Hyperion estejam disponíveis gratuitamente, não existe uma cobertura contínua, o que dificulta a obtenção de dados para grandes áreas. Além disso, o SNR dos dados Hyperion é inferior ao dos dados aéreos e requer um pré-processamento significativo. Devido às razões acima mencionadas, os resultados deste estudo são experimentais ou, no máximo, úteis para pequenas áreas de floresta. Uma abordagem operacional de estimativa da bioquímica da copa das árvores exigirá a disponibilidade contínua de dados IS com elevada SNR e métodos robustos e bem testados. As limitações associadas à parte do problema relativa à deteção remota poderão ser resolvidas com o lançamento da missão HyspIRI da NASA ou da missão EnMAP do Centro Aeroespacial Alemão, que fornecerão dados globais de

dados IS espaciais com elevada resolução espetral e temporal. O lançamento destas duas missões está previsto para a presente década.

Estudos futuros deverão testar a viabilidade da estimativa do rácio N:P e dos macronutrientes noutros tipos de floresta boreal, bem como em diferentes ecossistemas da Terra. A robustez dos modelos também precisa de ser investigada, aplicando-os a conjuntos de dados espacial e temporalmente diferentes. Se forem identificados os modelos que podem ser aplicados a um determinado tipo de ecossistema, a previsão de um determinado bioquímico para todo o ecossistema será muito simplificada, uma vez que só poderão ser utilizados para a aplicação dos modelos dados de teledeteção que cubram a gama de distribuição do ecossistema. Isto, por sua vez, abriria caminho à produção de conjuntos de dados globais espacialmente mais exactos (por exemplo, um mapa global da concentração de clorofila) que poderiam ser utilizados em avaliações globais da produtividade.

Referência

1. Al-Abbas, A.H., Barr, R., Hall, J.D., Crane, F.L., Baumgardner, M.F., 1974. Spectra of normal and nutrient deficient maize leaves (Espectros de folhas de milho normais e deficientes em nutrientes). Agronomy Journal 66, 16-20.

2. Asner, G.P., Jones, M.O., Martin R.E., Knapp, D.E., Hughes, R.F., 2008. Deteção remota de espécies nativas e invasoras em florestas havaianas. Rem. Sens. Environ. 112, 1912-1926.

3. Blackburn, G.A. 1998. Quantificação de clorofilas e carotenóides à escala da folha e da copa: uma avaliação de algumas abordagens hiperespectrais. Rem. Sens. Environ. 66, 273-285.

4. Blackburn, G.A. 2002. Deteção remota de pigmentos florestais utilizando o espetrómetro de imagem aerotransportado e imagens LIDAR. Rem. Sens. Environ. 82, 311-321.

5. Broge, N.H., Leblanc, E., 2000. Comparação do poder de previsão e da estabilidade dos índices de banda larga e hiperespectrais para a estimativa do índice de área foliar verde e da densidade de clorofila do dossel. Rem. Sens. Environ. 76, 156-172.

6. Card, D.H., Peterson, D.L., Matson, P.A., 1988. Previsão da química das folhas através da utilização de espetroscopia de reflectância no visível e no infravermelho próximo. Rem. Sens. Environ. 26, 123-147.

7. Chapin, F S. 1980. The mineral nutrition of wild plants. *Annual Review of Ecology and Systematics*, Vol. 11, pp. 233-260.

8. Cohen, W.B., Goward, S.N. 2004. Landsat's Role in Ecological Applications of Remote Sensing (O papel do Landsat nas aplicações ecológicas da deteção remota). Bioscience, 54-6: 535-545.

9. Coops, N.C., Smith, M.L., Martin, M.E., Ollinger, S.V., 2003. Previsão do teor de azoto da folhagem do eucalipto a partir de dados hiperespectrais derivados de satélite. IEEE Trans. Geosci. Rem. Sens. 41:6, 1338-1346.

10. Curran, P. J., 1989. Deteção remota da química foliar. Rem. Sens. Environ. 30, 271-278.

11. Curran, J.P., Dungan, J.L., Gholz, H.L., 1990. Explorando a relação entre a reflectância da borda vermelha e o teor de clorofila em pinheiro bravo. Tree Physiol. 7, 33-48.

12. Curran, P.J., Kupiec, J.A., Smith, G.M., 1997. Deteção remota da composição bioquímica de uma copa de pinheiro bravo. IEEE Trans. Geosci. Rem. Sens. 35:2, 415-420.

13. Demarez, V. e Gastellu-Etchegorry, J.P. 2000. A Modeling Approach for Studying Forest Chlorophyll Content. Rem. Sens. Env., 71: 226-238.

14. Dixon, R.K., Brown, S., Houghton, R.A., Solomon, M.A., Trexler, M.C., Wisniewski, J. 1994. Carbon Pools and Flux of Global Forest Ecosystems. Science 263: 185-190.

15. DLR, 2012. Centro Aeroespacial Alemão. Disponível no Centro de Observação da Terra do DLR http://www.enmap.org/mission_statement (acedido em 24 de junho de 2012).

16. Ferwerda, J.G., Skidmore, A.K., Mutanga, O., 2005. Deteção de azoto com índices de razão normalizada hiperespectral em várias espécies de plantas. Int. J. Rem. Sens. 26:18, 40834095.

17. Ferwerda, J.G. e A.K. Skidmore. 2007. Can nutrient status of four woody plant species be predicted using field spectrometry? ISPRS Journal of Photogrammetry and Remote Sensing, 62: 406-414.

18. Field, C., e Mooney, H.A.1986. The photosynthesis-nitrogen relationship in wild plants. Em On the Economy of Plant Form and Function: Proceedings of the Sixth Maria Moors Cabot Symposium, Evolutionary Constraints on Primary Productivity, Adaptive Patterns of Energy Capture in Plants, agosto de 1983, Harvard Forest, EUA. Editado por T.J. Givnish. Cambridge University Press, Cambridge, pp. 25-55.

19. Filella, I., Serrano, L., Serra, J., Peñuelas, J. 1995. Avaliação do estado do azoto do trigo com índices de reflectância do dossel e análise discriminante. Crop Science 35: 1400-1405.

20. Gitelson, A., Merzlyak, M.N., 1996. Deteção da posição da borda vermelha e do conteúdo de clorofila por medições de reflectância perto de 700 nm. J. Plant Physiol. 148, 501-508.

21. Goetz, A.F.H., Vane, G., Solomon, J.E., e B.N. Rock. 1985. Imaging Spectrometry for Earth Remote Sensing. Science, 228-4704: 1147-1153.

22. Gong, P., Pu, R., Heald, R.C., 2002. Análise de dados hiperespectrais in situ para estimativa de nutrientes da sequoia gigante. Int. J. Rem. Sens. 23:9, 1827-1850.

23. Haboudane, D., Miller, J.R., Tremblay, N., Zarco-Tejada, P.J. Dextraze, L., 2002. Índices integrados de vegetação de banda estreita para a previsão do teor de clorofila das culturas para aplicação na agricultura de precisão. Rem. Sens. Environ. 81, 416-426.

24. Hansen, P.M., Schoerring, J.K., 2003. Medição da reflectância da biomassa da copa e do estado do azoto em culturas de trigo utilizando índices de vegetação de diferença normalizada e regressão por mínimos quadrados parciais. Rem. Sens. Environ. 86, 542-553.

25. Kimball, J.S., Thornton, P.E., White, M.A., Running, S.W. 1997. Simulando a produtividade florestal e a troca de carbono superfície-atmosfera na região de estudo BOREAS. Tree Physiology 17: 589-599.

26. Kimball, J.S., Keyser, R.A., Running, S.W, Saatchi, S.S. 2000. Avaliação regional da produtividade da floresta boreal utilizando um modelo de processo ecológico e mapas de parâmetros de deteção remota. Tree Physiology 20: 761-775.

27. Koerselman, W. e Meuleman, A.F.M. 1996. O rácio N:P da vegetação: uma nova ferramenta para detctar a natureza da limitação de nutrientes. *Jornal de Ecologia Aplicada* 33: 1441-1450.

28. Larcher, W. 1995. Ecologia Fisiológica de Plantas. 3rd Ed. Berlim, Alemanha, Springer.

29. Larsen, J.A. 1980. The boreal ecosystem. Academic Press, Nova Iorque.

30. Lefsky, M.A., Cohen, W.B., Acker, S.A., Parker, G.G., Spies, T.A., Harding, D., 1999. Lidar remote sensing of the canopy structure and biophysical properties of Douglas-fir western hemlock forests. Rem. Sens. Environ. 70, 339-361.

31. Lim, K.S., e Treitz, P.M. 2004. Estimation of above ground forest biomass from airborne discrete return laser scanner data using canopy-based quantile estimators. *Scandinavian Journal of Forest Research*, Vol. 19, No. 6, pp. 558-570.

32. Magnussen, S., e Boudewyn, P. 1998. Derivations of stand heights from airborne laser scanner data with canopy-based quantile estimators. Canadian Journal of Forest Research, 28: 1016-1031.

33. Marschner, H. 1995. *Mineral Nutrition of Higher Plants*. 2nd Edition, Academic Press, San Diego.

34. Marten, G. C., J. S. Shenk, e F. E. Barton, II. 1985. Espectroscopia de Reflectância no Infravermelho Próximo (NIRS): Analysis of Forage Quality (eds). Agric. Handbook No. 643.United States Department of Agriculture- Agricultural Research Service, Washington, DC.

35. Marten, G.C., Shenk, J.S., e Barton, F.E. II. 1989. Near Infrared Reflectance Spectroscopy (NIRS): Analysis of Forage Quality (eds). Agric. Handbook 643. Departamento de Agricultura dos Estados Unidos - Serviço de Investigação Agrícola, Washington, DC.

36. Martin, M. E., Aber, J.D., 1997. Deteção remota de alta resolução espetral da lenhina da copa das florestas, azoto e processos do ecossistema. Ecol. Appl. 7, 431-444.

37. Melillo, J. M., Aber, J.D., e Muratore, J.M. 1982. Nitrogen and lignin control of hardwood leaf litter decomposition dynamics. *Ecology,* Vol. 63, pp. 621-626.

38. Mengel, K., e Kirkby, E. A. 2001. *Principles of Plant Nutrition*. 5th Edition, Kluwer Academic Publishers, Dordrecht.

39. Moran, J.A., Mitchell, A.K, Goodmanson, G., Stockburger, K.A. 2000. Diferenciação entre efeitos de tratamentos de fertilização com azoto em plântulas de coníferas por reflectância foliar: uma comparação de métodos. Tree Physiology 20: 1113-1120.

40. Mutanga, O., Skidmore, A.K., 2004. Os índices de vegetação de banda estreita ultrapassam o problema da saturação na estimativa da biomassa. Int. J. Rem. Sens. 25:19, 3999-4014.

41. Mutanga, O., Skidmore, A.K., e H.H.T. Prins. 2004. Previsão da qualidade das pastagens in situ no Parque Nacional Kruger, África do Sul, utilizando caraterísticas de absorção com remoção contínua. Sensoriamento Remoto do Meio Ambiente, 89: 393-408.

42. Mutanga, O., Kumar, L., 2007. Estimativa e mapeamento da concentração de fósforo em gramíneas numa savana africana utilizando dados de imagens hiperespectrais. Int. J. Rem. Sens. 28:21, 4897-4911.

43. NASA, 2012. Sítio Web da missão HyspIRI disponível em http://hyspiri.jpl.nasa.gov (acedido em 24 de junho de 2012).

44. Norris, K. H., e Barnes, R. F. 1976. Infrared reflectance analysis of nutrient value of feedstuff, em Proceedings, 1st International Symposium, Feed Composition. Animal Nutrient Requirements and Computerization of Diets', Utah State University, Logan, UT, pp. 237241.

45. Norris, K.H., Barnes, R.F., Moore, J.E., Shenk, J.S., 1976. Predicting forage quality by

infrared reflectance spectroscopy. J. Anim. Sci. 43, 889-897.

46. Ollinger, S.V., e M.-L. Smith, 2005. Net primary production and canopy nitrogen in a temperate forest landscape: An analysis using imaging spectroscopy, modeling, and field data, Ecosystems, 8:1-19.

47. Osborne, S.L., Schepers, J.S., Francis, D.D., Schlemmer, M.R., 2002. Deteção de deficiências de fósforo e azoto no milho utilizando medições de radiância espetral. Agron. J. 94, 1215-1221.

48. Parton, W.J., Scurlock, J.M.O., Ojima, D.S., Schimel, D.S., Hall, D.O., Membros do Grupo Scopegram. 1995. Impact of climate change on grassland production and soil carbon worldwide. Global Change Biology, 1: 13-22.

49. Peñuelas, J., Filella, I. 1998. Técnicas de reflectância no visível e no infravermelho próximo para o diagnóstico do estado fisiológico das plantas. Tendências em Ciências Vegetais 3: 151-156.

50. Peterson, D.L., Aber, J.D., Matson, P.A., Card, D.H., Swanberg, N., Wessman, C., Spanner, M., 1988. Deteção remota do conteúdo bioquímico da copa das árvores e das folhas. Rem. Sens. Environ. 24, 85-108.

51. Ponzoni, F.J., Gonçalves, J.L. de M., 1999. Caraterísticas espectrais associadas às deficiências de nitrogênio, fósforo e potássio em folhas de mudas de Eucalyptus saligna. Int. J. Rem. Sens. 20:11, 2249-2264.

52. Popescu SC, Wynne RH, Nelson RF. 2003. Measuring individual tree crown diameter with LiDAR and assessing its influence on estimating forest volume and biomass. Can J Remote Sens 29: 564-577.

53. Porder, S., Asner, G.P., Vitousek, P.M., 2005. Disponibilidade de nutrientes com base em dados terrestres e obtidos por deteção remota numa paisagem tropical. Proc. Natl. Acad. Sci. U.S.A. 102:31, 1090910912.

54. Riaño, D., Valladares, F., Condés, S., e Chuvieco, E. 2004. Estimativa do índice de área foliar e do solo coberto a partir do laser scanner aerotransportado (Lidar) em duas florestas contrastantes. Agricultural and Forest Meteorology, 124: 269-275.

55. Sellers, P.J., F.G. Hall, R.D. Kelly, A. Black, D. Baldocchi, J. Berry, M. Ryan, K.J. Ranson, P.M. Crill, D.P. Lettenmaier, H. Margolis, J. Cihlar, J. Newcomer, D. Fitzjarrald, P.G. Jarvis, S.T. Gower, D. Halliwell, D. Williams, B. Goodison, D.E. Wickland e F.E. Guertin. 1997. BOREAS in 1997: experiment overview, scientific results, and future diretions. J. Geophys. Res. 102: 28731-28769.

56. Shenk, J.S., Westerhous, M.O., Hoover, M.R., 1979. Análise de forragens por reflectância de infravermelhos. J. Dairy Sci. 62, 807-812.

57. Smith, M.L., Ollinger, S.V., Martin, M.E., Aber, J.D., Hallett, R.A., Goodale, C.L., 2002. Estimativa direta da produtividade florestal acima do solo através da deteção remota hiperespectral do azoto da copa. Ecol. Appl. 12, 1286-1302.

58. Smith, M.L., Martin, M.E., Ollinger, S.V., Plourde, L., 2003. Análise de dados hiperespectrais para estimar a concentração de azoto na copa das florestas temperadas:

Comparação entre um sensor aéreo (AVIRIS) e um sensor espacial (Hyperion). IEEE Trans. Geosci. Rem. Sens. 41:6, 1332-1337.

59. Taiz, L., e Zeiger, E. 2010. *Plant Physiology*. 5th Edition, Sinauer Associates Inc., Sunderland. Thomas, V., Treitz, P., McCaughey, J.H., Noland, T., Rich, L., 2008a. Estimativa da concentração de clorofila no dossel utilizando dados hiperespectrais e lidar para uma floresta boreal de madeira mista no norte de Ontário, Canadá. Int. J. Remote Sens. 29, 1029-1052.

60. Thenkabail, P.S., Enclona, E.A., Ashton, M.S., van der Meer, B., 2004. Avaliações de precisão do desempenho da banda de onda hiperespectral para aplicações de análise da vegetação. Rem. Sens. Environ. 91, 354-376.

61. Thomas, V., Treitz, P., McCaughey, J.H., Noland, T., Rich, L., 2008. Estimativa da concentração de clorofila no dossel usando dados hiperespectrais e lidar para uma floresta boreal de madeira mista no norte de Ontário, Canadá. Int. J. Remote Sens. 29, 1029-1052.

62. Townsend, P.A., Foster, J.R., Chastain, Jr., R.A., Currie, W.S., 2003. Espectroscopia de imagem e azoto em copas: Aplicação às florestas das montanhas centrais dos Apalaches utilizando Hyperion e AVIRIS. IEEE Trans. Geosci. Remote Sens. 41:6, 1347-1354.

63. van Leeuwen, M., e Nieuwenhuis, M. 2010. Recuperação de parâmetros estruturais da floresta utilizando a deteção remota LiDAR. *Jornal Europeu de Investigação Florestal*, Vol. 129, No.4, pp. 749770.

64. Wessman, C.A., Aber, J.D., Peterson, D.L., Melillo, J.M., 1988a. Análise foliar utilizando espetroscopia de reflectância no infravermelho próximo. Can. J. For. Res. 18, 6-11.

65. Wessman, C.A., Aber, J.D., Peterson, D.L., Melillo, J.M., 1988b. Remote sensing of canopy chemistry and nitrogen cycling in temperate forest ecosystems (Deteção remota da química da copa das árvores e do ciclo do azoto em ecossistemas florestais temperados). Nature 335, 154-156.

66. Weyer, L.G. 1985. Espectroscopia no infravermelho próximo de substâncias orgânicas. Appl. Spectrosc. Rev. 21:1-43.

67. Williams, P., e Norris, K., Eds. 1987. Near-Infrared Technology in the Agricultural and Food Industries. Associação Americana de Químicos de Cereais, St. Paul, MN.

68. Williams, P.C., Preston, K.R., Norris, K.H., Starkey, P.M., 1984. Determinação de aminoácidos em trigo e cevada por espetroscopia de reflectância no infravermelho próximo. J. Food Sci. 49, 17-20.

69. Zagolski, F., V. Pinel, J. Romier, D. Alcayde, J. P. Gastellu- Etchegorry, G. Giordano, G. Marty, e E. Mougin. 1996. Química do dossel florestal com deteção remota de alta resolução espetral. International Journal of Remote Sensing 17: 1107-1128.

70. Zarco-Tejada, P.J., Miller, J.R., Noland, T.L., Mohammad, G.H., Sampson, P.H., 2000.
    a. Efeitos da fluorescência da clorofila na reflectância aparente da vegetação:II Medições em laboratório e ao nível da copa das árvores com dados hiperespectrais. Rem. Sens. Environ. 74, 596-608.

71. Aerts, R. & Chapin, F.S. III 2000. The mineral nutrition of wild plants revisited: a re-

evaluation of processes and patterns. *Advances in Ecological Research* 30: 1-67.

72. Arbia, G., Benedetti, R. & Espa, G. 1996: Efeitos do MAUP na classificação de imagens. *Sistemas Geográficos* 3,123-41.

73. Alemdag, I.S. 1983. *Equações de massa e factores de mecanização para as madeiras macias de Ontário.* [Petawawa National Forestry Institute Information Report PI-X-23], Serviço Florestal Canadiano, Chalk River, Ontário, Canadá.

74. Alemdag, I.S. 1984. *Equações da biomassa total das árvores e dos troncos comercializáveis para as folhosas do Ontário.* [Petawawa National Forestry Institute Information Report PI-X-46], Serviço Florestal Canadiano, Chalk River, Ontário, Canadá.

75. Asner, G.A. & Martin, R.E. 2008. Análise espetral e química de florestas tropicais: Escalonamento dos níveis da folha ao dossel. *Sensoriamento Remoto do Meio Ambiente* 112: 3958-3970.

76. Benson, B.J. & MacKenzie, M.D. 1995. Efeitos da resolução espacial do sensor nos parâmetros da estrutura da paisagem. *Landscape Ecology* 10: 113-120.

77. Boardman, J. W.& Kruse, F. A. 1994. *Automated spectral analysis: a geological example using AVIRIS data, north Grapevine Mountains, Nevada*, pp. I-407 - I-418 in Proceedings, ERIM Tenth Thematic Conference on Geologic Remote Sensing, Environmental Research Institute of Michigan, Ann Arbor, MI, US.

78. Bowman, W.D. 1994. Acumulação e utilização de azoto e fósforo após fertilização em duas comunidades de tundra alpina. *Oikos* 70: 261-270.

79. Bridgham, S.D., Updegraff, K. & Pastor, J. 1998. Mineralização de carbono, azoto e fósforo nas zonas húmidas do norte. *Ecology* 79-5: 1545-1561.

80. Chapin, F S. 1980. The mineral nutrition of wild plants. *Annual Review of Ecology, Evolution, and Systematics* 11: 233-260.

81. Clarholm, M. & Rosengren-Brinck, U. 1995. Fertilização com fósforo e azoto de uma floresta de abetos noruegueses - efeitos nas concentrações de agulhas e na atividade da fosfatase ácida na camada de húmus. *Plant and Soil* 175: 239-249.

82. Clevers, J.G.P.W. 1999. A utilização da espetrometria de imagem para aplicações agrícolas. *ISPRS Journal of Photogrammetry and Remote Sensing* 54-5: 299-304.

83. Coops, N.C., Smith, M.L., Martin, M.E. & Ollinger, S.V. 2003. Previsão do teor de azoto da folhagem do eucalipto a partir de dados hiperespectrais derivados de satélite. *IEEE Transactions on Geoscience and Remote Sensing* 41: 1338-1346.

84. Craine, J.M., Morrow, C. & Stock., W.D. 2008. Rácios de concentração de nutrientes e co-limitação nas pradarias da África do Sul. *New Phytologist* 179: 829-836.

85. Curran, P. J. 1989. Deteção remota da química foliar. *Deteção Remota do Ambiente* 30: 271-278.

86. Curran, P.J., Dungan, J.L. & Gholtz, H.L. 1990. Explorando a relação entre a reflectância do bordo vermelho e o teor de clorofila do pinheiro bravo. *Tree Physiology* 7-1: 33-48.

87. Curran, P.J., Kupiec, J.A. & Smith, G.M. 1997. Deteção remota da composição bioquímica de uma copa de pinheiro bravo. *IEEE Transactions on Geoscience and Remote Sensing* 35: 415-420.

88. Danson, F.M. & Plummer, S.E. 1995. Resposta da borda vermelha ao índice de área foliar da floresta. *Revista Internacional de Sensoriamento Remoto* 16-1: 183-188.

89. Datt, B., McVicar, T.R., Van Niel, T.G. & Jupp, D.L.B. 2003. Pré-processamento de dados hiperespectrais EO-1 Hyperion para apoiar a aplicação de índices agrícolas. *IEEE Transactions on Geoscience and Remote Sensing* 41-6: 1246-1259.

90. Dawson, T.P. & Curran, P.J. 1998. Uma nova técnica para interpolar a posição da borda vermelha da reflectância. *International Journal of Remote Sensing* 19-11: 2133-2139.

91. Elser, J.J., Sterner, R.W., Gorokhova, E., Fagan, W.F., Markow, T.A., Cotner, J.B., Harrison, J.F., Hobbie, S.E., Odell, G.M. & Weider, L.J. 2000. Biological stoichiometry from genes to ecosystems. *Ecology Letters* 3: 540-550.

92. Elvidge, C.D. & Chen, Z. 1995. Comparação de índices de vegetação de banda larga e de banda estreita no vermelho e no infravermelho próximo. *Remote Sensing of Environment* 54: 38-48.

93. ENVI. 2009. *Módulo de Correção Atmosférica: Guia do Utilizador QUAC e FLAASH.* Versão 4.7.

94. Fenn, M.E., Poth, M.A. & Johnson, D.W. 1996. Evidências de saturação de azoto nas montanhas de San Bernardino, no sul da Califórnia. *Forest Ecology and Management* 82: 211230.

95. Fluxnet-Canada, 2003. National Forest Inventory Ground Sampling Guidelines, versão 4.0. http://www.fluxnet-canada.ca/pages/protocols_en/GroundSamplingGuidelines_v.4.0._back.pdf (acedido em 21 de dezembro de 2011).

96. Freemantle, J. 2005. *Relatório de recolha de dados CASI*, Sudbury 2004, Groundhog River. Documento não publicado, Universidade de York, Ontário, Canadá.

97. Foster, N.W. & Morrison, I.K. 1976. Distribuição e ciclo de nutrientes num ecossistema natural *de Pinus banksiana. Ecologia* 57-1: 110-120.

98. Gitelson, A. & Merzlyak, M.N. 1997. Estimativa remota do teor de clorofila em folhas de plantas superiores. *International Journal of Remote Sensing* 18: 2691-2697.

99. Gökkaya, K., Thomas, V., Noland, T., McCaughey, H., Morrison, I. & Treitz, P. 2012. Previsão de macronutrientes usando espetroscopia de imagem espacial e dados LiDAR em um dossel de floresta boreal de madeira mista. *Canadian Journal of Remote Sensing* em revisão.

100. Gradowski, T. & Thomas, S.C. 2008. Respostas das árvores de *Acer saccharum* e das mudas às adições de P, K e cal sob alta deposição de N. *Tree Physiology* 28-2:173-185.

101. Green, A.A., Berman, M., Switzer, P., & Craig, M.D. 1988. A transformation for ordering multispectral data in terms of image quality with implications for noise removal

(Uma transformação para ordenar dados multiespectrais em termos de qualidade de imagem com implicações para a remoção de ruído). *IEEE Transactions on Geoscience and Remote Sensing* 26: 65-74.

102. Güsewell, S. & Koerselman, W. 2002. Variação nas concentrações de azoto e fósforo em plantas de zonas húmidas. *Perspectives in Plant Ecology, Evolution and Systematics* 5: 37-61.

103. Han, W., Fang, J., Guo, D. & Zhang, Y. 2005. Estequiometria do azoto e do fósforo nas folhas de 753 espécies de plantas terrestres na China. *New Phytologist* 168: 377-385.

104. Herbert, D.A. & Fownes, J.H. 1995. Limitação de fósforo da área foliar da floresta e produção primária líquida num solo altamente intemperizado. *Biogeochemistry* 29: 223-235.

105. Hudak, A.T., Crookston, N.L., Evans, J.S., Falkowski, M.J., Smith, A.M.S., Gessler, P.E. & Morgan, P. 2006. Modelação de regressão e mapeamento da área basal da floresta de coníferas e da densidade das árvores a partir de dados LiDAR de retorno discreto e de dados de satélite multiespectrais. *Canadian Journal of Remote Sensing* 32: 126-138.

106. Jacobson, S. & Pettersson, F. 2001. Respostas de crescimento após adições de azoto e N-P-K-Mg a povoamentos de pinheiro silvestre e abeto da Noruega previamente fertilizados com N em solos minerais na Suécia. *Canadian Journal of Forest Research* 31: 899-909.

107. Jelinski, D.E. & Wu, J. 1996. O problema da unidade de área modificável e implicações para a ecologia da paisagem. *Landscape Ecology* 11: 29-140.

108. Kang, H., Zhuang, H., Wu, L., Shen, G., Berg, B., Man, R. & Liu, C. 2011. Variação da estequiometria do azoto e do fósforo foliares em *Picea abies* na Europa: uma análise baseada em observações locais. *Forest Ecology and Management* 261: 195-202.

109. Koerselman, W. & Meuleman, A.F.M. 1996. O rácio N:P da vegetação: uma nova ferramenta para detetar a natureza da limitação de nutrientes. *Jornal de Ecologia Aplicada* 33: 1441-1450.

110. Korhonen, L., Korpela, I., Heiskanen, J. & Maltamo, M. 2011. Dados LIDAR aerotransportados de retorno discreto na estimativa da cobertura vertical do dossel, fechamento angular do dossel e índice de área foliar. *Sensoriamento Remoto do Ambiente* 115: 1065-1080.

111. Kutner, M., Nachtsheim, C., & Neter, J. 2004. *Applied Linear Regression Models*. 4th ed. McGraw-Hill.

112. Lim, K.S. & Treitz, P.M. 2004. Estimation of above ground forest biomass from airborne discrete return laser scanner data using canopy-based quantile estimators. *Scandinavian Journal of Forest Research* 19: 558-570.

113. Marceau, D.J., 1992. *O problema da escala e da agregação espacial na deteção remota: Uma investigação empírica utilizando dados florestais*. Tese de doutoramento, Universidade de Waterloo, Waterloo, CA.

114. Martin, M. E. & Aber, J.D. 1997. Deteção remota de alta resolução espetral da lenhina do dossel florestal, azoto e processos do ecossistema. *Ecological Applications* 7:

431-444.

115. McGroddy, M.E., Daufresne, T. & Hedin, L.O. 2004. Escala da estequiometria C: N : P nas florestas de todo o mundo: implicações dos rácios terrestres do tipo Redfield. *Ecologia* 85: 2390-2401.

116. McNulty, S.G., Vose, J.M., & Swank, W.T. 1997. Escalonamento da hidrologia e produtividade previstas para a floresta de pinheiros no sul dos Estados Unidos. In: Quattrochi, D.A. & M.F. Goodchild, (eds.) *Scale in Remote Sensing and GIS*, pp. 187-209.

117. Mirik, M., Norland, J.E., Crabtree, R.L. & Biondini, M.E. 2005. Deteção remota hiperespectral com resolução de um metro no Parque Nacional de Yellowstone, Wyoming: I. Valores nutricionais das forragens. *Rangeland Ecology and Management* 58: 452-458.

118. Moody, A. & Woodcock, C.E. 1995. The influence of scale and the spatial characteristics of landscapes on land-cover mapping using remote sensing. *Landscape Ecology* 10: 363379.

119. Mutanga, O. & Skidmore, A.K. 2004. Integração de espetroscopia de imagem e redes neurais para mapear a qualidade da relva no Parque Nacional Kruger, África do Sul. *Remote Sensing of Environment* 90: 104-115.

120. Mutanga, O., Skidmore, A.K. & Prins, H.H.T. 2004. Previsão da qualidade das pastagens in situ no Parque Nacional Kruger, África do Sul, utilizando caraterísticas de absorção com remoção contínua. *Sensoriamento Remoto do Meio Ambiente* 89: 393-408.

121. Mutanga, O. & Kumar, L. 2007. Estimativa e mapeamento da concentração de fósforo em gramíneas numa savana africana utilizando dados de imagens hiperespectrais. *Jornal Internacional de Sensoriamento Remoto* 28: 4897-4911.

122. Mutanga, O. & Skidmore, A.K. 2007. Red edge shift and biochemical content in grass canopies. *ISPRS Journal of Photogrammetry and Remote Sensing* 62: 34-42.

123. Næsset, E. & Gobakken, T. 2008. Estimativa da biomassa acima e abaixo do solo em regiões da zona florestal boreal utilizando laser aerotransportado. *Remote Sensing of Environment* 112: 3079-3090.

124. O'Neill, R.V., Hunsaker, C.T., Timmins, S.P., Jackson, B.L., Jones, K.B., Ritters, K.H. & Wickham, J.D. 1996. Scale problems in reporting landscape patterns at the regional scale. *Landscape Ecology* 11: 169-180.

125. Openshaw, S. & Taylor, P.J. 1979. A million or so correlation coefficients: three experiments on the modifiable areal unit problem. In: Wrigley, N. (ed.) *Statistical applications in spatial sciences*, pp. 127-144. Londres, Reino Unido.

126. Paquin, R., Margolis, H.A. & Doucet, R. 1998. Nutrient status and growth of black spruce layers and planted seedlings in response to nutrient addition in the boreal forest of Quebec. *Canadian Journal of Forest Research* 28: 729-736.

127. Pax-Lenney, M. & Woodcock, C.E. 1997. The effect of spatial resolution on the ability to monitor the status of agricultural lands. *Remote Sensing of Environment* 61: 210-220.

128. Porder, S., Asner, G.P. & Vitousek, P.M. 2005. Ground-based and remotely sensed

nutrient availability across a tropical landscape. *Actas da Academia Nacional de Ciências dos EUA* 102: 10909-10912.

129. Reich, P.B. & Oleksyn, J. 2004. Global patterns of plant leaf N and P in relation to temperature and latitude. *Proceedings of the National Academy of Sciences U.S.A.* 101: 11001-11006.

130. Shapiro, S.S. & Wilk, M.B. 1965. An analysis of variance test for normality (complete samples). *Biometrika*, 52-3/4: 591-611.

131. Tessier, J.T. & Raynal, D.J. 2003. Utilização da razão entre o azoto e o fósforo no tecido vegetal como indicador da limitação de nutrientes e da saturação de azoto. *Journal ofApplied Ecology* 40: 523-534.

132. Thomas, V., Treitz, P., McCaughey, J.H. & Morrison, I. 2006. Mapeamento de variáveis biofísicas florestais ao nível do povoamento para uma floresta boreal de madeira mista utilizando LiDAR: um exame da densidade de varrimento. *Canadian Journal of Forest Research* 36: 34-47.

133. Thomas, V., Treitz, P., McCaughey, J.H., Noland, T. & Rich, L. 2008. Estimativa da concentração de clorofila no dossel usando dados hiperespectrais e lidar para uma floresta boreal de madeira mista no norte de Ontário, Canadá. *Jornal Internacional de Sensoriamento Remoto* 29: 1029-1052.

134. Townsend, A.R., Cleveland, C.C., Asner, G.P. & Bustamante, M.M.C. 2007. Controlos sobre os rácios de N:P foliar em florestas tropicais. *Ecologia* 88: 107-118.

135. Turner, D.P., Dodson, R. & Marks, D. 1996. Comparação de resoluções espaciais alternativas na aplicação de um modelo biogeoquímico espacialmente distribuído num terreno complexo.
    a. *Ecological Modeling* 90: 53-67.

136. Valentine, D.W. & Allen, H.L. 1990. As respostas foliares à fertilização identificam a limitação de nutrientes no pinheiro loblolly. *Canadian Journal of Forest Research* 20: 144-151.

137. Vepakomma, U., St-Onge, B. & Kneeshaw, D. 2011. Response of a boreal forest to canopy opening: assessing vertical and lateral tree growth with multi-temporal lidar data. *Ecological Applications* 21: 99-121.

138. Vitousek, P.M. & Howarth, R.W. 1991. Limitação de azoto em terra e no mar: como pode ocorrer? *Biogeoquímica* 13: 87-115.

139. Vogelmann, J.E., Rock, B.N. & Moss, D.M. 1993. Red edge spectral measurements from sugar maple leaves. *International Journal of Remote Sensing* 14: 1563-1575.

140. Wessman, C.A., Aber, J.D., Peterson, D.L. & Melillo, J.M. 1988. Remote sensing of canopy chemistry and nitrogen cycling in temperate forest ecosystems. *Nature* 335: 154-156.

141. Zarco-Tejada, P.J., Miller, J.R., Mohammed, G.H., Noland, T.L. & Sampson, P.H.1999.
    a. "Canopy Optical Indices from Infinite Reflectance and Canopy Reflectance Models

for Forest Condition Monitoring: Application to Hyperspectral CASI Data," Proceedings of the IEEE 1999 International Geoscience and Remote Sensing Symposium, June 28 - July 2, 1999, Hamburg, DE.

142. Zhang, Y. Chen, M.J., Miller, J.R. & Noland, T.L. 2008. Recuperação do teor de clorofila das folhas a partir de imagens de deteção remota hiperespectral transportadas pelo ar. *Sensoriamento Remoto do Meio Ambiente* 112: 3234-3247.

143. Al-Abbas, A.H., Barr, R., Hall, J.D., Crane, F.L., e Baumgardner, M.F. 1974. Spectra of normal and nutrient deficient maize leaves (Espectros de folhas de milho normais e deficientes em nutrientes). *Agronomy Journal,* Vol. 66, pp. 16-20.

144. Alemdag, I.S. 1983. *Equações de massa e factores de mecanização para as madeiras macias de Ontário.* Serviço Florestal Canadiano, Instituto Florestal Nacional de Petawawa, Chalk River, Ontário.
   a. Relatório de informação PI-X-23.

145. Alemdag, I.S. 1984. *Equações da biomassa total das árvores e dos troncos comercializáveis para as folhosas do Ontário.* Serviço Florestal Canadiano, Instituto Florestal Nacional de Petawawa, Chalk River, Ontário. Relatório de Informação PI-X-46.

146. Blackburn, G.A. 2002. Deteção remota de pigmentos florestais utilizando espetrómetro de imagem aerotransportado e imagens LIDAR. *Sensoriamento Remoto do Meio Ambiente*, Vol. 82, pp. 311321.

147. Chapin, F S. 1980. The mineral nutrition of wild plants. *Annual Review of Ecology and Systematics*, Vol. 11, pp. 233-260.

148. Coops, N.C., Smith, M.L., Martin, M.E., e Ollinger, S.V. 2003. Previsão do teor de azoto da folhagem do eucalipto a partir de dados hiperespectrais derivados de satélite. *IEEE Transactions on Geoscience and Remote Sensing*, Vol. 41, No. 6, pp. 1338-1346.

149. Curran, P. J. 1989. Deteção remota da química foliar. *Sensoriamento Remoto do Meio Ambiente*, Vol. 30, pp. 271-278.

150. Curran, P.J., Kupiec, J.A., e Smith, G.M. 1997. Deteção remota da composição bioquímica de uma copa de pinheiro bravo. *IEEE Transactions on Geoscience and Remote Sensing*, Vol. 35, No. 2, pp. 415-420.

151. ENVI. 2009. *Módulo de Correção Atmosférica: Guia do utilizador QUAC e FLAASH.* Versão 4.7

152. Ferwerda, J.G., e Skidmore, A.K. 2007. Can nutrient status of four woody plant species be predicted using field spectrometry? *ISPRS Journal of Photogrammetry and Remote Sensing*, Vol. 62, pp. 406-414.

153. Field, C., e Mooney, H.A.1986. The photosynthesis-nitrogen relationship in wild plants. *Em On the Economy of Plant Form and Function: Proceedings of the Sixth Maria Moors Cabot Symposium, Evolutionary Constraints on Primary Productivity, Adaptive Patterns of Energy Capture in Plants*, agosto de 1983, Harvard Forest, EUA. Editado por T.J. Givnish. Cambridge University Press, Cambridge, pp. 25-55.

154. Filella, I., e Peñuelas, J. 1994. A posição e a forma da borda vermelha como

indicadores do conteúdo de clorofila da planta, biomassa e estado hídrico. *Jornal Internacional de Sensoriamento Remoto*, Vol. 15, No. 7, pp. 1459-1470.

155. Fluxnet-Canada, 2003. *National Forest Inventory Ground Sampling Guidelines*, versão 4.0. http://www.fluxnet-canada.http://www.fluxnet- canada.ca/pages/protocols en/GroundSamplingGuidelines v.4.0. back.pdf (acedido em 31 de outubro de 2011).

156. Gitelson, A., e Merzlyak, M.N. 1996. Deteção da posição da borda vermelha e do conteúdo de clorofila por medições de reflectância perto de 700 nm. *Journal of Plant Physiology*, Vol. 148, pp. 501-508.

157. Goetz, A.F.H., Vane, G., Solomon, J.E., e Rock, B.N.1985. Imaging spectrometry for earth remote sensing. *Science*, Vol. 228, No. 4704, pp. 1147-1153.

158. Gong, P., Pu, R., e Heald, R.C. 2002. Análise de dados hiperespectrais in situ para a estimativa de nutrientes da sequoia gigante. *Revista Internacional de Sensoriamento Remoto*, Vol. 23, No. 9, pp. 1827-1850.

159. Holiday, D.B., Ballard, J.E. e McKeown, B.C. 1995. PRESS-related statistics: regression tools for cross-validation and case diagnostics. *Medicine and Science in Sports and Exercise*, Vol. 27, pp. 612-620.

160. Horler, D.N.H., Dockray, M., Barber, J., e Barringer, A.R. 1983. Red edge measurements for remotely sensing plant chlorophyll content. *Advances in Space Research*, Vol..3, No. 2, pp. 273-277.

161. Hudak, A.T., Crookston, N.L., Evans, J.S., Falkowski, M.J., Smith, A.M.S., Gessler, P.E., e Morgan, P., 2006. Modelação de regressão e mapeamento da área basal da floresta de coníferas e da densidade das árvores a partir de dados LiDAR de retorno discreto e de dados de satélite multiespectrais. *Canadian Journal of Remote Sensing*, Vol. 32, No. 2, pp. 126-138.

162. Lim, K.S., e Treitz, P.M. 2004. Estimation of above ground forest biomass from airborne discrete return laser scanner data using canopy-based quantile estimators. *Scandinavian Journal of Forest Research*, Vol. 19, No. 6, pp. 558-570.

163. Marschner, H. 1995. *Mineral Nutrition of Higher Plants*. 2nd Edition, Academic Press, San Diego.

164. Martin, M. E., e Aber, J.D. 1997. Deteção remota de alta resolução espetral da lenhina do dossel florestal, azoto e processos do ecossistema. *Ecological Applications*, Vol. 7, pp. 431-444.

165. McCaughey, J.H., Pejam, M.R., Arain, M.A., e Cameron, D.A. 2006. Carbon dioxide and energy fluxes from a boreal mixedwood forest ecosystem in Ontario, Canada. *Agricultural and Forest Meteorology,* Vol. 140, pp. 79-96.

166. Melillo, J. M., Aber, J.D., e Muratore, J.M. 1982. Nitrogen and lignin control of hardwood leaf litter decomposition dynamics. *Ecology*, Vol. 63, pp. 621-626.

167. Mengel, K., e Kirkby, E. A. 2001. *Principles of Plant Nutrition*. 5th Edition, Kluwer Academic Publishers, Dordrecht.

168. Mirik, M., Norland, J.E., Crabtree, R.L., e Biondini, M.E. 2005. Deteção remota hiperespectral com resolução de um metro no Parque Nacional de Yellowstone, Wyoming: I. Valores nutricionais das forragens. *Rangeland Ecology and Management*, Vol. 58, pp. 452-458.

169. Mutanga, O., Skidmore, A.K., e Prins, H.H.T. 2004. Previsão da qualidade das pastagens in situ no Parque Nacional Kruger, África do Sul, utilizando caraterísticas de absorção com remoção contínua. *Sensoriamento Remoto do Ambiente*, Vol. 89, pp. 393-408.

170. Mutanga, O., Skidmore, A.K., Kumar, L., e Ferwerda, J. 2005. Estimating tropical pasture quality at canopy level using band depth analysis with continuum removal in the visible domain. *International Journal of Remote Sensing*, Vol. 26, No. 6, pp. 1093-1108.

171. Mutanga, O., e Kumar, L. 2007. Estimativa e mapeamento da concentração de fósforo em gramíneas numa savana africana utilizando dados de imagens hiperespectrais. *Jornal Internacional de Deteção Remota*, Vol. 28, No. 21, pp. 4897-4911.

172. Olivier, J.G.J., Janssens-Maenhout, G., Peters, J.A.H.W., e Wilson, J. 2011. *Relatório de 2011 sobre a tendência a longo prazo das emissões globais de CO2*. PBL/JRC, Haia.

173. Ollinger, S.V., e Smith, M.L. 2005. Net primary production and canopy nitrogen in a temperate forest landscape: An analysis using imaging spectroscopy, modeling, and field data. *Ecosystems*, Vol. 8, pp. 1-19.

174. Ollinger, S.V., A. D. Richardson. M. E. Martin, D. Y. Hollinger, S. E. Frolking, P.B.Reich, G. G. Katul, L. C. Plourde , J. W. Munger, R. Oren, M.L. Smith, K. T. Paw U, P. V. Bolstad, B. D. Cook, M. C. Day, T. A. Martin, R. K. Monson, e Schmid, H.P. 2008. Azoto de copa, assimilação de carbono e albedo em florestas temperadas e boreais: Relações funcionais e potenciais feedbacks climáticos. *Proceedings of the National Academy of* Sciences, Vol. 105, No. 49, pp. 19336-19341.

175. OMNR, 2007a. *Análise simultânea do carbono total e do azoto total na folhagem por combustão seca e método de deteção da condutividade térmica*. Ministério dos Recursos Naturais do Ontário, OFRILS SOP: 112.

176. OMNR, 2007b. *Análise dos principais catiões na folhagem por digestão Kjeldahl modificada e método de deteção por espetrómetro de emissão de plasma indutivamente acoplado*. Ministério dos Recursos Naturais do Ontário, OFRILS SOP: 113.

177. Optech, Inc. 2002. *ALTM 2050 Airborne Laser Terrain Mapper*. Documento de especificações técnicas em linha, disponível em http://www.ntsinfo.com/inventory/images/ALTM 2050Optech.Ref702.pdf (acedido em 31 de outubro de 2011).

178. Osborne, S.L., Schepers, J.S., Francis, D.D., e Schlemmer, M.R. 2002. Deteção de deficiências de fósforo e azoto no milho utilizando medições de radiância espetral. *Agronomy Journal*, Vol. 94, pp. 1215-1221.

179. Pallardy, S.G. 2008. *Physiology of Woody Plants*. 3rd Edition, Academic Press, San Diego.

180. Peñuelas, J., Gamon, J.A., Fredeen, A.L., Merino, J., e Field, C.B. 1994. Índices de

reflectância associados a alterações fisiológicas em folhas de girassol com limitação de azoto e água. *Sensoriamento Remoto do Meio Ambiente*, Vol. 48, pp. 135-146.

181. Ponzoni, F.J., e Gonçalves, J.L. de M.1999. Caraterísticas espectrais associadas às deficiências de nitrogênio, fósforo e potássio em folhas de mudas de *Eucalyptus saligna*. . *International Journal of Remote Sensing*, Vol. 20, No. 11, pp. 2249-2264.

182. Porder, S., Asner, G.P., e Vitousek, P.M. 2005. Ground-based and remotely sensed nutrient availability across a tropical landscape. *Actas da Academia Nacional de* Ciências, Vol. 102, No. 31, pp. 10909-10912.

183. Smith, M.L., Ollinger, S.V., Martin, M.E., Aber, J.D., Hallett, R.A., e Goodale, C.L. 2002. Estimativa direta da produtividade florestal acima do solo através da deteção remota hiperespectral do azoto da copa. *Ecological Applications*, Vol. 12, pp. 1286-1302.

184. Smith, M.L., Martin, M.E., Ollinger, S.V., e Plourde, L. 2003. Análise de dados hiperespectrais para estimar a concentração de azoto em copas de florestas temperadas: Comparação entre um sensor aerotransportado (AVIRIS) e um sensor espacial (Hyperion). *IEEE Transactions on Geoscience and Remote Sensing*, Vol. 41, No. 6, pp. 1332-1337.

185. Taiz, L., e Zeiger, E. 2010. *Plant Physiology*. 5th Edition, Sinauer Associates Inc., Sunderland.

186. Thomas, V., Treitz, P., McCaughey, J.H., Noland, T., e Rich, L. 2008. Estimativa da concentração de clorofila no dossel utilizando dados hiperespectrais e lidar para uma floresta boreal de madeira mista no norte de Ontário, Canadá. *International Journal of Remote Sensing*, Vol. 29, pp. 10291052.

187. Townsend, P.A., Foster, J.R., Chastain, Jr., R.A., e Currie, W.S. 2003. Espectroscopia de imagem e azoto de copa: Aplicação às florestas das montanhas centrais dos Apalaches utilizando Hyperion e AVIRIS. *IEEE Transactions on Geoscience and Remote Sensing*, Vol. 41, No. 6, pp. 1347-1354.

188. van Leeuwen, M., e Nieuwenhuis, M. 2010. Recuperação de parâmetros estruturais da floresta utilizando a deteção remota LiDAR. *Jornal Europeu de Investigação Florestal*, Vol. 129, No.4, pp. 749-770.

189. Wehr, A., e Lohr, U. 1999. Airborne laser scanning - an introduction and overview. *ISPRS Journal of Photogrammetry and Remote Sensing*, Vol. 54, pp. 68-82.

190. Wessman, C.A., Aber, J.D., Peterson, D.L., e Melillo, J.M. 1988. Remote sensing of canopy chemistry and nitrogen cycling in temperate forest ecosystems (Deteção remota da química da copa das árvores e do ciclo do azoto em ecossistemas florestais temperados). *Nature*, Vol. 335, pp. 154-156.

191. Alemdag, I.S., 1983. Equações de massa e factores de mecanização para as madeiras macias de Ontário. Can. For. Serv. Petawawa Natl. For. Inst. Inf. Rep. PI-X-23.

192. Alemdag, I.S., 1984. Equações de biomassa total de árvores e de troncos comercializáveis para madeiras de folhosas do Ontário. Can. For. Serv. Petawawa Natl. For. Inst. Inf. Rep. PI-X-46.

193. Asner GP, Hicke JA e Lobell DB (2003) Per-pixel analysis of forest structure:

vegetation indices, spectral mixture analysis and canopy reflectance modeling. In: Wulder MA e Franklin SE (eds) Remote sensing of forest environments: concepts and case studies. Kluwer, Boston. pp 209-254.

194. Asner, G. e Martin, R.E. 2008. Análise espetral e química de florestas tropicais: Escalonamento dos níveis da folha ao dossel. Sensoriamento Remoto do Meio Ambiente, 112: 3958-3970.

195. Blackburn, G.A. 1999. Relações entre reflectância espetral e concentrações de pigmentos em pilhas de folhas largas. Remote Sensing of Environment 70, 224-237.

196. Blackburn, G.A. 2007. Deteção remota hiperespectral de pigmentos de plantas. Journal of Experimental Botany 58-4: 855-867.

197. Boardman, J. W., and Kruse, F. A., 1994, Automated spectral analysis: a geological example using AVIRIS data, north Grapevine Mountains, Nevada: in Proceedings, ERIM Tenth Thematic Conference on Geologic Remote Sensing, Environmental Research Institute of Michigan, Ann Arbor, MI, pp. I-407 - I-418.

198. Chappelle, E. W., Kim, M. S., & McMurtrey, J. E. 1992. Ratio analysis of reflectance spectra (RARS): Um algoritmo para a estimativa remota das concentrações de clorofila A, clorofila B e carotenóides em folhas de soja. Remote Sensing of Environment, 39, 239-247.

199. Coops, N.C., Stone, C., Culvenor, D.S., Chisholm, L.A., Merton, R.N. 2003. Teor de clorofila na vegetação de eucalipto às escalas da folha e da copa, derivado de dados de alta resolução espetral. Tree Physiology 23, 23-31.

200. Curran, P. J., 1989. Deteção remota da química foliar. Rem. Sens. Environ. 30, 271-278.

201. Curran, J.P., Dungan, J.L., Gholz, H.L., 1990. Explorando a relação entre a reflectância da borda vermelha e o teor de clorofila em pinheiro bravo. Tree Physiol. 7, 33-48.

202. Curran, J.P. 1994. Espectrometria de imagem. Progresso em Geografia Física 18: 247-266.

203. Curran, P.J., Kupiec, J.A., Smith, G.M., 1997. Deteção remota da composição bioquímica de uma copa de pinheiro bravo. IEEE Trans. Geosci. Rem. Sens. 35:2, 415-420.

204. Datt, B. 1998. Remote sensing of chlorophyll a, chlorophyll b, chlorophyll a+b, and total carotenoid content in Eucalyptus leaves. Remote Sens. Environ. 66:111-121.

205. Datt, B., McVicar, T.R., Van Niel, T.G. & Jupp, D.L.B. 2003. Pré-processamento de dados hiperespectrais EO-1 Hyperion para apoiar a aplicação de índices agrícolas. IEEE Transactions on Geoscience and Remote Sensing 41-6: 1246-1259.

206. Daughtry, C.S.T., Walthall, C.L., Kim, M.S., Brown De Colstoun, E., McMurtrey, J.E., III. 2000. Estimating corn leaf chlorophyll concentration from leaf and canopy reflectance (Estimativa da concentração de clorofila na folha do milho a partir da reflectância da folha e da copa). Remote Sensing of Environment 74: 22-239.

207. Dawson, T. P. e Curran, P. J. 1998. Uma nova técnica para interpolar a posição da borda vermelha da reflectância. International Journal of Remote Sensing, 19, 2133- 2139.

208. Demming-Adams B, Adams WW. 1996. O papel dos carotenóides do ciclo da xantofila na proteção da fotossíntese. Trends in Plant Science 1, 21-27.

209. Elvidge, C.D., Chen, Z. 1995. Comparação de índices de vegetação de banda larga e de banda estreita no vermelho e no infravermelho próximo. Remote Sensing of Environment 54: 38-48.

210. ENVI. 2009. Módulo de Correção Atmosférica: Guia do Utilizador QUAC e FLAASH. Versão 4.7.

211. Filella, I., Peñuelas, J., 1994. A posição e a forma do bordo vermelho como indicadores do teor de clorofila das plantas, da biomassa e do estado hídrico. Int. J. Rem. Sens. 15:7, 1459-1470.

212. Gitelson, A. A., e Merzlyak, M. N. 1996. Signature analysis of leaf reflectance spectra: Algorithm development for remote sensing of chlorophyll. *J. Plant Physiol.* 148:494500.

213. Gitelson, A.A., Viña, A., Verma, S.B., Rundquist, D.C., Arkebauer, T.J., Keydan, G., Leavitt, B., Ciganda, V., Burba, G.G., Suyker, A.E. 2006. Relationship between gross primary production and chlorophyll content in crops: Implications for the synoptic monitoring of vegetation productivity, Journal of Geophysical Research 111, D08S11, doi:10.1029/2005JD006017.

214. Gobron, N., Pinty, B. e Verstraete, M.M. 1997. Limites teóricos para a estimativa do índice de área foliar com base em dados de deteção remota no visível e no infravermelho próximo. IEEE Transactions on Geoscience and Remote Sensing 35: 1438-1445.

215. Green, A. A., Berman, M., Switzer, P., e Craig, M. D. 1988. A transformation for ordering multispectral data in terms of image quality with implications for noise removal (Uma transformação para ordenar dados multiespectrais em termos de qualidade de imagem com implicações para a remoção de ruído). IEEE Transactions on Geoscience and Remote Sensing 26: 65- 74.

216. Hendry, G.A.F., J. D. Houghton, e S.B. Brown. 1987. Tansley review no. 11: the degradation of chlorophyll-a biological enigma. New Phytologist 107: 255-302.

217. Horler, D.N.H., Dockray, M., Barber, J., Barringer, A.R., 1983. Red edge measurements for remotely sensing plant chlorophyll content. Adv. Space Res. 3, 273-277.

218. Hudak, A.T., Crookston, N.L., Evans, J.S., Falkowski, M.J., Smith, A.M.S., Gessler, P.E. & Morgan, P. 2006. Modelação de regressão e mapeamento da área basal da floresta de coníferas e da densidade das árvores a partir de dados LiDAR de retorno discreto e de dados de satélite multiespectrais. *Canadian Journal of Remote Sensing* 32: 126-138.

219. Kutner, M., Nachtsheim, C., e Neter, J. 2004. Modelos de Regressão Linear Aplicados. 4th Ed. McGraw-Hill.

220. le Maire G., Francois C., Dufrene E. 2004. Towards universal broad leaf chlorophyll indices using PROSPECT simulated database and hyperspectral reflectance measurements.

Remote Sensing of Environment 89, 1-28.

221. Lichtenthaler, H.K., Gitelson, A.A. e Lang, M.1996 Determinação não destrutiva do teor de clorofila das folhas de um mutante verde e de um mutante aurea do tabaco através de medições de reflectância. Journal of Plant Physiology, 148, 483-493.

222. Peñuelas, J., Baret, F., & Filella, I. 1995. Índices semiempíricos para avaliar a clorofila de carotenóides: A a partir da reflectância espetral da folha. Photosynthetica, 31, 221-230.

223. Shapiro, S.S. & Wilk, M.B. 1965. An analysis of variance test for normality (complete samples). *Biometrika*, 52-3/4: 591-611.

224. Sims, D. A., & Gamon, J. A. 2002. Relationships between leaf pigment content and spectral reflectance across a wide range of species, leaf structures and developmental stages. Remote Sensing of Environment, 81, 337-354.

225. Smith, R. C. G., Adams, J., Stephens, D. J., e Hick, P. T. 1995. Forecasting wheat yield in a Mediterranean-type environment from the NOAA satellite. Australian Journal of Agricultural Research, 46, 113- 125.

226. Stagakis, S., Markos, N., Sykioti, O., Kyparissis, A. 2010. Monitorização dos parâmetros biofísicos e bioquímicos da copa das árvores à escala do ecossistema utilizando imagens hiperespectrais de satélite: Uma aplicação num ecossistema mediterrânico de *Phlomis fruticosa* utilizando observações multiangulares CHRIS/PROBA. Deteção Remota do Ambiente, 114, 977-994.

227. Thomas, V., Treitz, P., McCaughey, J.H., Noland, T., Rich, L., 2008. Estimativa da concentração de clorofila no dossel usando dados hiperespectrais e lidar para uma floresta boreal de madeira mista no norte de Ontário, Canadá. Int. J. Remote Sens. 29, 1029-1052.

228. Ustin, S. L., Gitelson, A. A., Jacquemoud, S., Schaepman, M. E., Asner, G., Gamon, J. A., & Zarco-Tejada, P. 2009. Retrieval of foliar information about plant pigment systems from high resolution spectroscopy (Recuperação de informação foliar sobre sistemas de pigmentos de plantas a partir de espetroscopia de alta resolução). Sensoriamento Remoto do Ambiente, 113 (suppl. 1), S67-S77.

229. Vogelmann, J.E., Rock, B.N. & Moss, D.M. 1993. Red edge spectral measurements from sugar maple leaves. *International Journal of Remote Sensing* 14: 1563-1575.

230. Wellburn, A.R., 1994. Determinação espetral das clorofilas a e b, bem como dos carotenóides totais, utilizando vários solventes com espectrofotómetros de diferentes resoluções. J. Plant Physiol. 144, 307-313.

231. Wu, C., Niu, Z., Tang, Q., Huang, W., Rivard, B., Feng, J. 2009. Estimativa remota da produção primária bruta em trigo utilizando índices de vegetação relacionados com a clorofila. Agricultural and Forest Meteorology, 149: 1015-1021.

232. Wu, C., Xiuzhen, H., niu, Z. Dong, J. 2010. Uma avaliação dos dados hiperespectrais Hyperion do EO-1 para a estimativa do teor de clorofila e do índice de área foliar. Jornal Internacional de Deteção Remota 31-4: 1079-1086.

233. Zarco-Tejada, P.J., Miller, J.R., Mohammed, G.H., Noland, T.L., Sampson, P.H.

1999. Índices ópticos de copa a partir de modelos de reflectância infinita e de reflectância de copa para monitorização do estado das florestas: aplicação a dados hiperespectrais CASI. In IEEE 1999 International Geoscience and Remote Sensing Symposium, IGARSS '99, 28 de junho-2 de julho, (Hamburgo: IEEE); 3: 1878-1881.

234. Zarco-Tejada, P.J., Miller, J.R., Noland, T.L., Mohammed, G.H., Sampson, P.H., 2001. Métodos de aumento de escala e de inversão de modelos com índices ópticos de banda estreita para a estimativa da clorofila em copas de florestas fechadas com dados hiperespectrais. IEEE Trans. Geosci. Rem. Sens. 39, 1491-1507.

235. Zarco-Tejada, P.J., Miller, J.R., Mohammed, G.H., Noland, T.L., Sampson, P.H. 2002. Deteção do stress da vegetação através da estimativa da clorofila a+b e dos efeitos da fluorescência em imagens hiperespectrais. Jornal de Qualidade Ambiental 31: 1433-1441.

236. Zarco-Tejada, P.J., Miller, J.R., Harron, J., Baoxin. H., Noland, T.L., Goel, N., Mohammed, G.H., Sampson, P.H. 2004. Estimativa do teor de clorofila da agulha através da inversão de modelos utilizando dados hiperespectrais de copas de florestas de coníferas boreais. Sensoriamento Remoto do Meio Ambiente 89, 189-199.

237. Zhang, Q., Middleton, E.M., Margolis, H.A., Drolet, G.G., Barr, A.A., Black, T.A. 2009. Pode uma estimativa derivada de satélite da fração de PAR absorvida pela clorofila (FAPARchl) melhorar as previsões da eficiência da utilização da luz e da fotossíntese do ecossistema para uma floresta de choupo boreal? Sensoriamento Remoto do Meio Ambiente, 113: 880-888.

Printed by Books on Demand GmbH, Norderstedt / Germany